On trouve chez les mêmes Libraires :

TRAITÉ PRATIQUE DES HERNIES, ou *Mémoires Ana-tomiques et Chirurgicaux sur ces maladies*, par Antoine Scarpa; traduit de l'Italien par M. Cayol, Professeur à la Faculté de Médecine de Paris; auquel on a joint une note de M. le Professeur Laënnec sur une nouvelle espèce de hernie, et un Mémoire du Traducteur sur une terminaison particulière de la hernie avec gangrène; avec 21 planches in-fol. Prix.. 16 fr.

Cet ouvrage, avec le Supplément réuni, forme près de 700 pag. in-8º de texte, et 34 planches in-folio, gravées en taille-douce. Prix 25 fr.

TRAITÉ DES MALADIES DES YEUX, par Antoine Scarpa, traduit de l'Italien, sur la 5e et dernière édition, et aug-menté de notes, par MM. Bousquet et Bellanger, Docteurs en Médecine. 2 vol. in-8º avec quatre planches gravées en taille-douce par Adam. Prix 10 fr. pour Paris et Montpel-lier, et 12 fr. franc de port par la poste.

SUPPLÉMENT

AU

TRAITÉ PRATIQUE

DES HERNIES,

OU

MÉMOIRES ANATOMIQUES ET CHIRURGICAUX

SUR CES MALADIES,

SUIVI D'UN

NOUVEAU MÉMOIRE SUR LA HERNIE DU PÉRINÉE.

Par Antoine SCARPA,

Professeur émérite et Directeur de la Faculté de Médecine de l'Université I. et R. de Pavie, Chevalier de l'Ordre Royal de la Couronne de Fer, Associé de l'Académie Royale des Sciences de Paris, de Londres, de Berlin, etc.

TRADUIT DE L'ITALIEN,

Par C. P. OLLIVIER (d'Angers), Docteur en Médecine de la Faculté de Paris,

AVEC DES ADDITIONS DU TRADUCTEUR,

Et une Observation de M. le Professeur Béclard, sur deux Épiplocèles diaphragmatiques.

ACCOMPAGNÉ DE TREIZE PLANCHES IN-FOLIO,
Copiées par Adam, sur les gravures originales d'Anderloni.

PARIS,

GABON et Cie, Libraires, rue de l'École-de-Médecine.

A Montpellier, Même Maison.

1823.

SUPPLÉMENT

AU

TRAITÉ PRATIQUE

DES HERNIES.

SUPPLÉMENT

AU

TRAITÉ PRATIQUE

DES HERNIES,

OU

MÉMOIRES ANATOMIQUES ET CHIRURGICAUX

SUR CES MALADIES,

SUIVI D'UN

NOUVEAU MÉMOIRE SUR LA HERNIE DU PÉRINÉE.

Par Antoine SCARPA,

Professeur émérite et Directeur de la Faculté de Médecine de l'Université I. et R. de Pavie, Chevalier de l'Ordre Royal de la Couronne de Fer, Associé de l'Académie Royale des Sciences de Paris, de Londres, de Berlin, etc.

TRADUIT DE L'ITALIEN,

Par C. P. OLLIVIER (d'Angers), Docteur en Médecine de la Faculté de Paris,

AVEC DES ADDITIONS DU TRADUCTEUR,

Et une Observation de M. le Professeur BÉCLARD, sur deux Épiplocèles diaphragmatiques.

ACCOMPAGNÉ DE TREIZE PLANCHES IN-FOLIO,
Copiées par ADAM, sur les gravures originales d'Anderloni.

PARIS,

GABON et Cie, Libraires, rue de l'École-de-Médecine.

A MONTPELLIER, Même Maison.

1823.

PRÉFACE

DU TRADUCTEUR.

Depuis l'époque où le célèbre Professeur de Pavie publia ses Mémoires anatomiques et chirurgicaux sur les Hernies, cette partie de la Pathologie a été l'objet de recherches nombreuses et d'une étude plus approfondie. L'extrême fréquence de ces maladies, l'incommodité habituelle qui les accompagne, et les accidens très-graves auxquels elles peuvent donner lieu, sont autant de causes qui ont contribué au perfectionnement de cette branche importante de la Chirurgie, en appelant l'attention des praticiens sur une affection qui se présente chaque jour à l'observation.

Les travaux récens de plusieurs chirurgiens français et étrangers ont jeté un nouveau jour sur divers points de l'histoire des hernies, et les recherches du professeur Scarpa lui-même y ont ajouté des détails assez importans pour nécessiter une nouvelle édition de son ouvrage. Les additions multipliées et les changemens qu'elle renferme, exigeaient une réimpression complète de la traduction française qui fut publiée par M. le professeur Cayol, et dont ce Supplément est la continuation. Je me suis efforcé d'imiter son exactitude, et de traduire chaque phrase aussi littéralement que notre langue pouvait le permettre.

J'ai ajouté en notes plusieurs observations qui m'ont semblé offrir quelqu'intérêt et se rattacher au sujet de cet ouvrage. J'ai joint aussi quelques explications pour faciliter l'intelligence des différens passages du texte original, quoiqu'elles se trouvassent eu partie dans la traduction de la première édition ; j'ai pensé qu'elles seraient utiles aux personnes qui se procureraient le Supplément séparément.

Enfin, les planches qui accompagnent le texte ont été exécutées avec le plus grand soin par M. Adam, d'après les gravures originales dont on a conservé la grandeur et toutes les proportions, et l'on peut affirmer qu'elles égalent celles de l'édition italienne par la perfection et la beauté de leur exécution.

SUPPLÉMENT

AU

TRAITÉ PRATIQUE

DES HERNIES.

ADDITIONS AU MÉMOIRE

SUR LA HERNIE INGUINALE ET SCROTALE.

§. III (1). *Fascia superficialis de la Cuisse.*

La face externe du muscle grand oblique est recouverte par une toile aponévrotique très-fine, nommée *fascia superficialis*, qui s'étend sur la partie supérieure de la cuisse, et qui est tout à fait distincte de l'aponévrose *fascia-lata*. Elle est formée de deux lames, dont l'interne est très-adhérente au ligament de *Fallope*, à la circonférence de l'anneau inguinal, au pubis, au ligament suspenseur du pénis, et qui se prolonge sur le cordon spermatique, jusque dans le fond du scrotum. Au-dessous du ligament de Fallope, à la

---

(1) A substituer au §. III de la traduction française, par M. le professeur *Cayol*, de la première édition du Traité pratique des Hernies, d'Antoine *Scarpa*. Paris, Gabon, 1812, 1 vol. in-8°, avec un atlas petit in-fol., de 21 planches ; prix : 16 francs.

partie supérieure de la cuisse, on trouve, entre les deux lames du *fascia superficialis*, les glandes lymphatiques *superficielles* et un grand nombre de vésicules adipeuses qui semblent conténues en autant de cellules distinctes; enfin, cette aponévrose se confond en bas avec le tissu cellulaire fémoral sous-cutané. Au-dessous d'elle, dans la région inguinale, on découvre les glandes lymphatiques *profondes* qui sont situées entre un repli de l'aponévrose *fascia-lata* et le commencement du muscle pectiné. Le *fascia superficialis* n'est, d'ailleurs, séparé de l'aponévrose *fascia-lata* que par un tissu celluleux assez lâche, par quelques glandes inguinales *profondes* et par le tronc de la veine saphène, près de son insertion dans la veine crurale.

§. IV (1). *De la Direction des fibres du muscle Crémaster.*

M. J. Cloquet a remarqué que les deux faisceaux charnus qui composent le muscle crémaster sont formés de fibres dont le trajet demicirculaire représente des anses qui s'étendent de l'anneau inguinal jusqu'au scrotum. (*Recherch. anat. sur les Hernies*, pag. 15.) Cette disposition, qui est réelle et constante, avait déjà été reconnue par *Hesselbach. Fasciculorum hujus musculi carneorum a ligamento inguinali externo prodeuntium quidam differunt, iique, non ut reliqui*

---

(1) Suite du §. IV de la traduction française de la première édition.

funiculum spermaticum comitantur , sed potiùs intrà canalem inguinalem ex transverso introrsùm funiculum spermaticum transgredientes , pone crus annuli inguinalis antici internum , musculi abdominis obliqui interni aponevrosi firmantur ; iidemque ipsi , præsente hernia scrotali , semicirculi instar , à sacco herniali per annulum inguinalem anteriorem protruduntur. (De Ortu et Progressu Herniarum. Wirceburgi, 1816, pag. 17.)

§. V bis (1). *Du Fascia transversalis.*

Lorsqu'on détache le péritoine et le tissu cellulaire qui le tapisse, de la face interne des parois abdominales , on voit qu'il existe là , de même que sous la peau , une toile fine , en partie aponévrotique et en partie membraneuse , à laquelle *Astley Cooper* a donné le nom de *Fascia transversalis* (2).

Cette membrane , très-mince près du diaphragme , des lombes et de la crête iliaque , devient de plus en plus épaisse , à mesure qu'elle se porte en bas , en recouvrant toute l'étendue de la face interne du muscle transverse , et vient enfin se terminer dans le repli intérieur du ligament de Fallope , depuis l'épine antérieure et supérieure de l'os des isles jusqu'au pubis. On pourrait la considérer comme réunie à tous

---

(1) Formant le §. VI de la deuxième édition italienne originale.
(2) The anatomy and surgical treatement of inguinal , and congenital hernia. *Plate* I. q. r.

les points d'attache du muscle transverse, et servant à suppléer au peu de longueur de son aponévrose et de celle de l'oblique *interne*, qui ne descendent pas, l'une et l'autre, aussi bas dans le pli de la cuisse que celle de l'oblique *externe*, dont le bord inférieur forme le ligament de Fallope. Cette opinion paraît d'autant plus vraisemblable, que dans la partie la plus faible de la région inguinale, c'est-à-dire depuis l'arcade fémorale jusqu'au pubis, on trouve une autre membrane vraiment aponévrotique, de forme triangulaire (1), réunie au *fascia transversalis*, et qui se détache du bord externe du muscle droit de l'abdomen, pour s'insérer au ligament de Fallope, près de son attache au pubis.

Le fascia transversalis, vu du côté de la cavité abdominale, donne passage au cordon spermatique, à un pouce et demi environ de l'anneau inguinal. L'ouverture ne consiste pas en une simple fente, car il existe une gaîne fournie au cordon par le *fascia* lui-même. En effet, près de l'endroit où il passe sous le bord charnu du muscle transverse, il est entouré par un prolongement membraneux infundibuliforme, formé par cette membrane, et qui l'accompagne jusque dans le scrotum. Il suffit, pour s'assurer de ce fait anatomique, d'attirer légèrement le cordon hors de l'anneau inguinal; on voit alors, du côté du ventre, le *fascia transversalis* entraîné par le cordon et formant un enfoncement

---

(1) Cloquet, ouv. cit., pl. I, fig. III, E.

conoïde d'autant plus profond qu'on attire davantage le cordon (1) ; et réciproquement, si l'on attire, au contraire, le cordon du côté de la cavité abdominale, l'enfoncement infundibuliforme disparaît, et l'on distingue facilement la gaîne formée par le *fascia transversalis*, dont la finesse et la transparence sont si grandes, qu'on aperçoit, à travers, le tissu cellulaire qui unit les vaisseaux spermatiques, et plus inférieurement les fibres musculaires du crémaster. L'entrée de cette gaîne membraneuse est nommée *anneau inguinal interne ;* son bord inférieur est ordinairement un peu plus saillant et plus épais que le supérieur.

§. VI (2). *De l'Anneau inguinal, avant et après la naissance.*

Je crois devoir rappeler d'abord ici que le canal inguinal a été décrit d'une manière assez exacte par Riolan fils ; il s'exprime ainsi à ce sujet : *Interim observabis aponevrosim obliqui externi propè os pubis esse pertusam, et obliqui ascendentis, et transversi aponevroses juxtà spinam anteriorem, et inferiorem ossis ilium sunt perforatæ ; ideòque foramina utriusque musculi non sunt directè opposita, ne tam facilè intestinum in inguen, aut scrotum devolveretur. Huic fortasse causa est,*

---

(1) Cloquet, ouv. cit., pl. I, fig. III, F.
(2) Suite du §. VI de la trad. française de la première édition.

*ob quam pratici in viscerum repositione post hernio-
tomiam moneant cavendum, nè inter abdominalium
parietum intestina eadem tantum repellantur.* (An-
trop., lib. II , pag. 141.)

Dans le fœtus à terme , il n'existe pas , à proprement parler, de *canal inguinal.* Ce conduit ne
se forme que peu à peu et à mesure que l'enfant se développe. L'ouverture intérieure est
presque vis-à-vis l'extérieure , ou tout au plus
éloignée d'elle d'une ligne latéralement. Un mois
après la naissance, l'orifice *interne* est plus manifestement porté en dehors. Cette déviation se pro-
nonce ainsi , de plus en plus , jusqu'à l'âge
adulte. Ce phénomène dépend vraisemblablement de l'accroissement successif de l'os inno-
miné et de la pression continuelle des viscères
contre les parois abdominales , qui fait , pour
ainsi dire , glisser de dedans en dehors leur
couche interne sur l'externe. Ce fait explique
pourquoi la hernie inguinale est plus fréquente
dans les enfans très-jeunes que dans ceux plus
âgés ; il donne aussi la raison pour laquelle la
réduction est plus facile dans les premiers , et la
guérison radicale plus fréquente chez eux , par
le seul maintien de la réduction , que chez les
adultes. Dans ces derniers , la direction oblique
du canal inguinal est un obstacle puissant à la
formation de la hernie inguinale , puisque dans
la pression qu'exercent les viscères , la paroi
postérieure du canal est poussée en avant , et
ferme ainsi , comme une valvule , la cavité du

conduit qui livre passage au cordon spermatique.

§. X (1). *Du Tissu cellulaire sous-péritonéal.*

Dans la hernie, le tissu cellulaire qui unit
ordinairement le péritoine aux parois abdominales, n'éprouve d'autre altération qu'un allongement considérable et proportionné à l'étendue
du déplacement de cette membrane.

« Il est facile de faire cette expérience sur le
» péritoine de la fosse iliaque et de la région
» lombaire. Pour cela, on incise cette mem-
» brane de haut en bas, on l'enlève d'un côté
» de manière à mettre à découvert le tissu cel-
» lulaire qui unit à la fosse iliaque la portion
» qu'on a laissée adhérente. En tirant avec pré-
» caution cette dernière, on remarque que les
» phénomènes indiqués se passent sans déchi-
» rement, à moins d'une traction trop consi-
» dérable. Si le péritoine reste ainsi déplacé
» pendant la vie, le tissu cellulaire qui l'a ac-
» compagné est tiraillé et allongé. Ses lamelles
» contractent entre elles des adhérences de plus
» en plus intimes, et s'organisent en une mem-
» brane fibro-cellulaire qui peut acquérir beau-
» coup d'épaisseur, comme on le voit dans
» quelques cas de hernies. » (*Cloquet, ouv. cit.,*
pag. 45.)

---

(1) Suite du §. X de la traduction française de la première édition.

§. XVI (1). *Formation et progrès du Sac herniaire.*

Des raisons plausibles me font penser que lorsqu'une hernie vient à paraître tout-à-coup dans un effort violent, le péritoine formait auparavant, vis-à-vis l'orifice interne du canal inguinal, un léger enfoncement infundibuliforme, ou même une petite cavité semblable à celle d'un doigt de gant, et qu'il a suffi d'une impulsion forte pour faire saillir à l'extérieur une portion d'intestin ou d'épiploon, qui se trouvait ainsi déjà engagée dans l'épaisseur des parois abdominales. On voit assez fréquemment, sur les cadavres, de petits enfoncemens dans le point où se forment les hernies : si l'on y appuie le doigt, on repousse le péritoine sans éprouver aucune résistance, et l'on forme ainsi un sac capable de contenir une portion d'intestin.

§. XVII (2). *Observation de Hernie congénitale, étranglée et contenue dans la cavité du canal inguinal.*

Charles Miazza Bifolco, âgé de vingt-cinq ans, ressentit, le 20 juin 1816, des douleurs aiguës dans l'abdomen, accompagnées de nausées et de vomissemens. Au milieu d'efforts répétés, il aperçut, pour la première fois, dans le pli de

---

(1) Suite du §. XVI de la trad. française de la première édition.
(2) Suite du §. XVII, *idem.*

l'aîne, une tumeur oblongue, douloureuse au toucher. Un chirurgien, pensant qu'elle était le résultat d'un étranglement de hernie, essaya de la réduire et crut y être parvenu, la pression ayant suffi pour la faire disparaître. Cependant, comme les symptômes d'étranglement persistaient, il envoya le malade à l'hôpital. Les accidens qui existaient furent attribués à une colique déterminée par une tout autre cause. En conséquence, on prescrivit une saignée et un purgatif composé de gomme gutte et de crême de tartre. Les douleurs de ventre augmentèrent bientôt d'intensité avec des vomissemens et des convulsions : le visage était décoloré et couvert d'une sueur froide. Le jeune chirurgien de la Salle, soupçonnant l'existence d'une hernie étranglée, explora avec attention l'abdomen, et reconnut effectivement dans l'aîne droite, entre l'anneau et l'épine iliaque, une tumeur oblongue, douloureuse au toucher, dont le volume augmentait dans les efforts de la toux et du vomissement. Malheureusement l'opération fut différée et le malade mourut peu de temps après. A l'ouverture du cadavre, on reconnut que la hernie était formée par une portion de l'intestin iléon, voisine de son insertion au cœcum. Après avoir enlevé les tégumens communs de la région inguinale, on vit que l'aponévrose de l'oblique externe formait l'enveloppe extérieure de la tumeur. Cette enveloppe incisée, on trouva un peu de tissu cellulaire, au-dessous duquel était le sac herniaire, formé par la tu-

nique vaginale du testicule. Quand on l'eut ouverte et qu'on eut retiré l'intestin déplacé, on
aperçut le testicule, qui était d'un petit volume,
assez dur et arrêté un peu au-dessus de l'anneau
inguinal ; l'étranglement avait eu lieu positivement à l'orifice supérieur du canal. La pièce est
conservée dans le cabinet d'anatomie pathologique de Pavie. Je pourrais rapporter beaucoup
d'exemples de hernies de ce genre et dans lesquelles l'opération a été suivie d'un succès complet, mais je me bornerai seulement à faire remarquer ici, que dans tous les cas de cette espèce
que je connais, on trouva toujours le testicule
situé un peu au-dessus de l'anneau inguinal.

Lecat (1) rapporte un exemple singulier de
hernie scrotale, dans laquelle le testicule avec
l'intestin, recouverts l'un et l'autre par l'aponévrose de l'oblique externe, étaient descendus,
non pas précisément dans le scrotum, mais à
côté du scrotum. L'auteur n'explique pas ce fait
d'une manière satisfaisante. Il me semble que le
cas dont il fait mention est analogue à celui
que je viens de citer, ainsi qu'à plusieurs
autres observations de hernie inguinale arrêtée
ainsi dans le canal inguinal et contenue dans
son intérieur avec le testicule. La seule différence que présente le cas rapporté par *Lecat*,
c'est que l'aponévrose du muscle oblique externe
avait été relâchée et distendue au point de former
un sac herniaire particulier, qui se prolongeait

____

(1) Philos. transact., vol. 47, pag. 324.

le long du scrotum. On connaît ainsi un assez grand nombre d'exemples de dilatation extrême du canal inguinal. *Méry* (1) en a cité plusieurs; *Burns* dit avoir trouvé sur le cadavre de deux individus, morts à la suite d'une ascite, le canal inguinal dilaté de manière à pouvoir y introduire le pouce (2). Lawrence (3) rapporte avoir vu sur le cadavre d'une femme affectée de hernie inguinale, ce canal tellement élargi, qu'il formait une tumeur de la grosseur des deux poings, quoique les viscères n'eussent pas été retenus dans son intérieur. La portion des intestins qui faisait saillie hors de l'anneau, avait à peine le volume d'un œuf de poule.

§. XXII (4). *Changemens déterminés par l'inflammation dans le Sac herniaire.*

L'inflammation seule peut, sans produire d'adhérences, causer un épaississement marqué du sac herniaire : il suffit, pour cela, qu'une partie de la lymphe *plastique*, résultant de la phlogose, pénètre le tissu du sac, ou se répande à sa surface, y adhère et forme plus tard une membrane nouvelle organisée. Quelle que soit, d'ailleurs, la cause de ces épaississemens, on les trouve, en général, plus communément au collet du sac herniaire et à son fond.

----

(1) Mém. de l'Acad. royale des Sciences, an 1701.
(2) Monro. morbid. anatomy, pag. 514.
(3) On Rupeures, ediz. II, pag. 184.
   Suite du §. XXII de la trad. française de la première édition.

§. XXVI (1). *Division de la Hernie inguinale en externe et interne.*

Astley Cooper assure que *Cline* avait indiqué cette division de la hernie inguinale en 1777, et qu'il en avait donné une description dans ses leçons de chirurgie. Ce serait donc à tort qu'on l'attribuerait à *Hesselbach*. Je crois devoir ajouter une remarque au sujet de cette distinction. Dans la formation de la hernie inguinale *interne*, il n'arrive pas toujours que les viscères poussés en avant séparent et écartent le fascia *transversalis*, ainsi que les aponévroses des muscles transverse et oblique *interne*; quelquefois toutes ces couches aponévrotiques, ou seulement le fascia *transversalis*, sont poussés en avant lors de la formation de la hernie. Il en résulte que le nombre des enveloppes qui recouvrent le sac de la hernie inguinale *interne* est variable, tandis que dans la hernie inguinale *externe* il est constamment le même. Ce fait anatomique ajoute ainsi une nouvelle différence à celles qui distinguent déjà ces deux sortes de hernies.

§. XXVII (2). *De la Hernie inguinale et scrotale congénitale.*

Je pense que pour ne pas manquer de précision, l'on doit distinguer la hernie *congénitale*

---

(1) Suite du §. XXVI de la trad. française de la première édition.
(2) Suite du §. XXVII, *Idem*.

de celle qui se forme dans les nouveau-nés,
quoique dans l'une et l'autre les viscères déplacés soient contenus dans la tunique vaginale du
testicule. Cette distinction peut être utile dans
la pratique chirurgicale. En effet, dans la hernie
congénitale proprement dite, on trouve souvent,
pour ne pas dire toujours, des adhérences accidentelles entre l'intestin ou l'épiploon et le testicule, qui, lors de sa descente, se trouve ainsi
porté derrière les viscères quand leur déplacement s'effectue : au contraire, la hernie formée
par la tunique vaginale, qui se manifeste chez
les nouveau-nés ou chez l'enfant très-jeune, est
ordinairement simple et sans aucune adhérence.
On peut encore ajouter que le sac herniaire produit par la tunique vaginale, est toujours plus
mince et plus transparent que celui de la hernie
inguinale *ordinaire externe* ou *interne*. Cette différence est due probablement à ce que, dans le
premier cas, il est formé par un prolongement
naturel du péritoine, tandis que dans le second
c'est un allongement forcé, et contre nature, de
cette même membrane.

§. XXVIII bis. *Exemple de Hernie congénitale, renfermant une hernie inguinale ordinaire.*

Hey (*Pratical observation*, pag. 221) a observé
un cas particulier de hernie congénitale contenant une hernie inguinale ordinaire : ce fait
curieux mérite d'être rapporté ici.

J'examinais un jour, dit cet auteur, le cadavre

d'un enfant de quinze mois, mort à la suite d'un étranglement de hernie scrotale qui était formée par l'intestin cœcum et une partie de l'appendice vermiforme. J'incisai longitudinalement le scrotum, et je crus avoir découvert le sac herniaire. Après avoir ouvert ce dernier, je reconnus que c'était la tunique vaginale du testicule, dont la cavité renfermait un autre sac qui se prolongeait jusqu'au-devant du testicule, et qui était bien le véritable sac herniaire contenant les intestins déplacés. Je vis alors que la tunique vaginale, depuis l'anneau jusqu'au fond du scrotum, était distincte du sac intérieur, auquel elle était unie par un tissu cellulaire lâche, jusqu'à un demi-pouce environ de son extrémité inférieure. Les fibres charnues du muscle crémaster étaient très-visibles à la surface de la tunique, et le sac interne était évidemment un prolongement du péritoine poussé en bas dans la cavité de cette enveloppe du testicule. En attirant et soulevant ce prolongement péritonéal, on voyait la paroi postérieure du sac extérieur recouvrant le cordon spermatique; ce qui mettait hors de doute l'existence de la tunique vaginale du testicule. Il est naturel de conclure de cette observation, qu'ici un sac herniaire, formé par le péritoine et replié comme un doigt de gant, s'était engagé peu à peu par l'ouverture supérieure encore existante de la tunique vaginale, dans la cavité de laquelle il avait ainsi attiré les viscères indiqués. Cette hernie avait paru deux mois après la naissance.

§. XXIX (1). *De la Hernie inguinale double du même côté.*

A l'époque où *Wilmer* publia l'observation d'un sujet affecté de deux hernies distinctes qui sortaient par le même anneau inguinal, on n'avait pas encore de notions assez exactes sur la nature de la hernie inguinale *interne* : c'est pourquoi je suis porté à croire que l'une des deux hernies inguinales était *interne,* dans le cas cité par cet auteur. Il peut d'ailleurs exister plus de deux hernies du même côté ; *Astley Cooper* en a vu trois qui sortaient par le même anneau inguinal, sur un sujet qui avait été affecté de rétrécissemens du canal de l'urètre et de calcul vésical. En examinant ces hernies sur le cadavre et du côté de la cavité du ventre, il reconnut que le sac de deux d'entre elles s'était engagé entre l'artère épigastrique et le ligament ombilical, et celui de la troisième entre ce même ligament et le pubis, de sorte que toutes les trois étaient *internes.* (Ouvr. cité, Pl. X.)

§. XXXI (2). *Moyen de distinguer la Hernie inguinale épiploïque, du varicocèle.*

Outre les nodosités nombreuses qu'on sent distinctement lorsqu'on touche un varicocèle, *Astley*

---

(1) Suite du §. XXIX de la trad. française de la première édition.
(2) Suite du §. XXXI , *idem.*

Cooper indique un autre moyen de distinguer cette maladie de la hernie inguinale épiploïque. Après avoir fait coucher le malade sur le dos, on maintient le doigt enfoncé dans le canal inguinal, après avoir fait rentrer les parties dans l'abdomen. Si la tumeur est formée par une hernie, elle ne reparaît pas, soit que le malade tousse ou qu'il fasse effort pour se lever; mais si la tumeur réduite est un varicocèle, elle reparaît sous le doigt, quoiqu'il soit appliqué contre l'anneau inguinal, parce que le même moyen qui maintient la hernie réduite, empêche le retour du sang dans les veines variqueuses du cordon et cause ainsi leur dilatation.

§. XXXI bis (1). *Du Canal inguinal chez la femme.*

Le *canal inguinal* existe dans la femme comme dans l'homme; mais il est plus étroit, en raison du peu de grosseur du ligament *rond* de l'utérus, auquel il donne passage et qui est d'un diamètre bien moindre que le cordon spermatique : néanmoins, le *fascia transversalis* fournit également une gaîne celluleuse qui recouvre le ligament *rond* jusqu'à sa sortie de l'anneau inguinal; cet orifice est aussi moins large que dans l'homme, et situé plus bas et plus près du pubis. Il n'existe pas dans la femme une seule trace du crémaster. De même que l'homme, elle peut être affectée de hernie inguinale *externe complète*

----

(1) Formant le §. XXXIII de la deuxième édition originale.

et *incomplète* et de hernie inguinale *interne*. Quand la tumeur a franchi l'anneau, elle soulève la lèvre de la vulve du côté correspondant.

§. XXXII (1). *Modification du Bandage de Camper.*

Sur un homme âgé de 60 ans, qui portait une hernie scrotale peu volumineuse, l'ouverture de l'anneau inguinal se prolongeait tellement en dehors, qu'on eût dit que chez lui la paroi antérieure du canal manquait complètement. L'application du bandage ordinaire étant inutile pour maintenir la réduction, j'en fis construire un à ressort circulaire, dont la pelote, bombée au milieu, était entourée d'un rebord plane (Voy. Pl. XIV, fig. 2.) A l'aide de cette seule modification dans le bandage, les parties réduites purent être maintenues facilement, parce que la partie saillante du compresseur pénétrait dans l'ouverture de l'anneau, en même temps que son rebord restait appliqué exactement sur la circonférence de cette ouverture. *Gooch* dit que dans un cas semblable l'application du compresseur conique réussit parfaitement. (*Chirurg. Works*, vol. II, pag. 221.)

____

(1) Suite du §. XXXII de la trad. française de la première édition.

ADDITIONS AU MÉMOIRE

SUR LES COMPLICATIONS DE LA HERNIE INGUINALE ET SCROTALE.

§. II (1). *De l'Incision des Tégumens dans l'opération de la Hernie inguinale externe et interne.*

La direction suivant laquelle on doit inciser les tégumens varie selon qu'on opère une hernie inguinale *interne*, ou une hernie inguinale *externe imparfaite*. Dans le premier cas, l'incision doit être faite presque verticalement ; dans le second, elle doit être pratiquée obliquement du flanc au pubis, suivant le trajet du cordon spermatique, et parallèlement au pli de la cuisse, en ayant soin de ne pas la prolonger trop en bas, dans la crainte d'ouvrir la tunique vaginale.

§. III (2). *De l'Incision du Sac herniaire.*

En général, il faut avoir soin de ne pas détacher ni isoler le sac herniaire des parties avec lesquelles il est uni, pour le mettre à découvert ; car la rétraction de la peau et celle du muscle crémaster suffisent pour le découvrir, de telle sorte que

---

(1) Suite du §. II de la trad. française de la première édition.
(2) Suite du §. III, *idem.*

l'opérateur puisse l'ouvrir avec sûreté et sans craindre de léser les parties qu'il contient. Lorsqu'on le dénude et qu'on le sépare des parties voisines, il arrive qu'il tombe en gangrène après l'opération, et l'on retarde ainsi la cicatrisation de la plaie, soit qu'on ait voulu en obtenir la guérison en la réunissant par première intention ou en la laissant suppurer. Si le sac herniaire est formé par la tunique vaginale, on ne doit pas l'ouvrir jusqu'à sa partie inférieure, afin d'empêcher le testicule de sortir de la cavité qui le renferme.

§. IV (1). *Direction qu'il faut donner à l'incision de l'anneau et du col du Sac herniaire, pour éviter l'artère épigastrique.*

Lorsqu'on opère une hernie inguinale externe *imparfaite*, dont la formation ne diffère pas de celle de la hernie inguinale *externe complète*, on doit inciser l'anneau et le col du sac *parallèlement à la ligne blanche*. Dans l'un et l'autre cas, l'artère épigastrique est située sous le bord interne de l'orifice supérieur du canal inguinal, et conséquemment au côté interne du col du sac herniaire.

Pour débrider l'anneau, on introduit doucement le bout du doigt entre les viscères et le collet du sac, jusqu'au point précis de l'étranglement; lorsqu'on y est parvenu, on porte le long du doigt un bistouri *courbe* et *boutonné*, à

---

(1) Suite du §. IV de la trad. française de la première édition.

lame étroite, et l'on incise le bord de l'anneau de dedans en dehors. Quelques praticiens introduisent d'abord une sonde cannelée mince, en la dirigeant du bout du doigt et conduisant par son moyen un bistouri *droit boutonné.* Cette méthode me semble plus sûre et plus avantageuse; car lorsque l'étranglement existe à une distance notable de l'anneau, le bout du doigt ne peut y arriver aussi facilement qu'une sonde, qui peut être portée jusque dans la cavité de l'abdomen : en outre, la manière dont on place la cannelure de la sonde détermine exactement la direction de l'incision. Enfin, en incisant de dehors en dedans, le chirurgien apprécie bien mieux que par l'incision faite de dedans en dehors la juste profondeur où doit pénétrer l'instrument, afin d'opérer le débridement nécessaire pour détruire l'étranglement.

§. X (1). *Du Rétrécissement de la tunique vaginale dans l'hydrocèle.*

Le resserrement de la tunique vaginale ne s'observe que dans le cas de hernie inguinale *congénitale,* il peut en exister aussi lorsqu'il existe seulement une *hydrocèle.* J'ai eu l'occasion d'observer ce fait chez un homme qui portait depuis longtemps une *hydrocèle* volumineuse. Le rétrécissement occupait à-peu-près le milieu de la longueur de la tumeur; ce qui lui donnait,

---

(1) Suite du §. X de la trad. française de la première édition.

en quelque sorte, la forme d'un sablier. Ayant
ouvert la tunique vaginale supérieurement, j'in-
troduisis le doigt de haut en bas jusqu'au rétrécissement, qui formait à l'intérieur un rebord
dur et saillant, que j'incisai en portant un bistouri droit boutonné le long de mon doigt :
l'opération eut un plein succès.

§. XL (1). *Observation d'Étranglement de hernie
du cœcum, avec gangrène et déchirure de son
appendice vermiforme.*

Un homme, âgé de 36 ans, ramoneur, d'une
constitution robuste, entra à l'hôpital de Turin,
offrant tous les symptômes de l'étranglement récent d'une hernie scrotale du côté droit, qu'il portait depuis son enfance; en outre, le malade se
plaignait d'une violente douleur dans la fesse
droite, où il avait reçu un coup de pied de cheval :
tout annonçant l'existence de la gangrène, le célèbre professeur Rossi pratiqua de suite l'opération. L'incision du sac herniaire fut faite avec
beaucoup de précaution à cause de ses adhérences
avec les viscères déplacés ; lorsqu'il fut ouvert, on
vit deux anses intestinales formées par l'iléon, qui
étaient noirâtres et livides, et derrière elles le
cœcum et son appendice vermiforme. En cherchant
à détruire quelques adhérences accidentelles, l'ap-

---

(1) Felicis Brachi dissert. de hernia inguinali immobili. Taurini,
1812. Cette observation fait suite au §. XL de la trad. française de la
première édition.

pendice vermiforme, qui était en grande partie
sphacelé, se déchira et laissa écouler un liquide
muqueux, noirâtre, ayant l'odeur des matières
fécales. On respecta l'*adhérence naturelle* du cœcum
et du commencement du colon, et, l'anneau débridé, on fit rentrer facilement la portion de
l'iléon déplacée dont toute la surface était
libre; on laissa au dehors le cœcum avec son
appendice, ainsi qu'une partie de l'épiploon, qui
était endurcie et très-adhérente au sac herniaire :
le tout fut recouvert d'un linge fin imbibé d'huile
d'olive. Par l'emploi des antiphlogistiques, des
fomentations émollientes, de lavemens fréquens,
les matières fécales reprirent leur cours naturel, et il ne s'en écoula qu'une petite quantité
par la déchirure de l'appendice vermiforme. Le
quatrième jour, à la levée de l'appareil, on
trouva le cœcum et le reste de son appendice de
couleur rouge; peu de jours après ils étaient
couverts de granulations : la membrane *vil-
leuse* de l'appendice renversée en dehors, formait une espèce de bourrelet muqueux, du
milieu duquel il suintait un peu de matière
fécale liquide. On continua l'application de topiques émolliens; la plaie diminua peu à peu
d'étendue et finit par se cicatriser. Plus tard,
l'ouverture fistuleuse qui résultait de la déchirure de l'appendice vermiforme, se referma au
moyen d'une pression douce qu'on exerçait constamment, et la guérison, qui fut retardée par la
formation d'un abcès dans le fond du scrotum,
était complète à la fin du troisième mois. Le

malade maintint, appliqué sur la cicatrice, un bandage à pelote *concave*.

§. XLII bis (1). *De la Ligature et de l'Excision de l'Épiploon.*

Depuis la publication de mon *Traité des Hernies*, j'ai lu avec intérêt le cas suivant, qui fait partie des excellentes observations rapportées par le célèbre chirurgien Hey (2). Il démontre la nécessité et l'avantage de lier l'épiploon irréductible avec les précautions que j'ai indiquées, pour prévenir les accidens et les dangers auxquels le malade reste exposé après cette ligature.

« Dans une opération de hernie scrotale étran-
» glée, ce chirurgien trouva une masse d'épi-
» ploon, du poids de six onces et irréductible.
» Il appliqua dessus de la charpie enduite d'on-
» guent, et, peu de jours après, cette tumeur
» graisseuse fut recouverte de bourgeons char-
» nus. Le septième jour après l'opération, il la
» serra légèrement près l'anneau inguinal avec
» un fil de soie ciré, qu'il plaça de manière à ce
» que le malade pût lui-même le détacher s'il
» survenait quelque accident : il n'y en eut aucun.
» On continua chaque jour de serrer davantage
» la ligature, en ayant soin d'introduire de la

---

(1) Ce §, nouveau dans la deuxième édition originale, fait suite au §. XLII de la première édition ; il remplace tout ce que l'auteur avait dit d'abord dans ce dernier article, depuis ces mots : « Il est
» indispensable d'envelopper d'un linge la portion d'épiploon, etc... »
(2) Pratical. Observat. , pag. 180.

» charpie dans le fond de la scissure à mesure
» qu'elle devenait plus profonde. Le dix-septième
» jour, le pédicule étant presque coupé, on
» l'excisa : il contenait une artère assez considé-
» rable qui fut liée, et la plaie ne tarda pas à se
» cicatriser. »

Telle avait toujours été ma méthode d'opérer,
jusqu'au moment où je publiai mon Livre ; jamais
je ne vis survenir d'accidens locaux ou généraux,
d'inflammation interne, d'hémorrhagie. Depuis
cette époque, ma pratique, ainsi que celle des
chirurgiens modernes, m'a prouvé que l'excision
de l'épiploon, lorsqu'il est irréductible, n'est pas
une opération grave en elle-même, pourvu qu'on
ait soin de lier les artères et les veines coupées,
avant de repousser dans l'anneau la portion qui
peut être réduite. Néanmoins, je crois utile de
rappeler aux gens de l'art, que dans certaines
circonstances on peut lier l'épiploon en employant les précautions convenables, et qu'on
peut même, dans quelques cas particuliers,
préférer cette méthode à l'excision.

§. XLIII bis (1). *Du Traitement à suivre après
l'opération de la Hernie étranglée.*

Quant au traitement local qu'il convient d'employer après l'opération de la hernie étranglée,
je ferai observer que, dans le cas où la tumeur

---

(1) §. nouveau qui termine le Mémoire et qui se trouve le XLV
dans la deuxième édition originale.

est d'un petit volume et peu ancienne, lorsque le sac herniaire n'a pas été trop dénudé et isolé des tégumens et du tissu cellulaire qui l'entoure, on peut tenter la réunion de la plaie par *première intention*, en en rapprochant doucement les lèvres au moyen de bandelettes enduites de cérat, ce qui est bien préférable à la suture. Mais si la tumeur est assez volumineuse et ancienne, il vaut mieux laisser suppurer la plaie, et favoriser ainsi le développement de bourgeons charnus dans son intérieur.

Parmi les médicamens internes qu'on peut administrer, je rappellerai que l'opium est aussi nuisible après l'opération de la hernie qu'il est avantageux dans quelques autres cas chirurgicaux, parce qu'il s'oppose à l'évacuation des matières fécales, qui est la première indication à remplir. On ne doit pas non plus prescrire de purgatifs doux avant d'avoir obtenu quelques selles au moyen de lavemens. Quelquefois, après l'opération la mieux faite, il existe encore des envies de vomir chez certains individus très-irritables, malgré la sortie facile des matières par l'anus et le défaut de tension de l'abdomen : dans ce cas, la *potion anti-émétique* de *Rivière* est très-utile, de même que la liqueur anodine. D'autres fois, les évacuations alvines deviennent tellement abondantes, qu'elles menacent d'épuiser les forces du malade. On doit alors employer le diascordium dissous dans un vin généreux, l'opium, et prescrire un régime composé d'alimens de facile digestion.

Je termine ce Mémoire en rappelant aux jeunes chirurgiens, que, si le succès ne suit pas toujours l'opération, quelque soin qu'on ait mis à la pratiquer, cela dépend surtout de deux causes. D'abord, c'est qu'il arrive que l'inflammation qui existait dans l'anse intestinale étranglée s'étend dans l'abdomen après la réduction ; en second lieu, on a observé que les parois de cette portion d'intestin, qui étaient devenues plus épaisses par la pression continuée de l'anneau, perdaient alors une partie de leur contractilité, et que le cours des matières se trouvait ainsi retardé ou empêché. On peut, dans le premier cas, espérer quelques chances de guérison pour le malade, en employant un traitement antiphlogistique très-actif. Dans le second, le seul moyen de guérison est la formation d'un anus artificiel, lorsque la partie de l'intestin, qui est désorganisée, se trouve immédiatement en rapport avec la plaie extérieure.

TROISIÈME MÉMOIRE.

DE LA HERNIE FÉMORALE (1).

§. I. *Objet de ce Mémoire.*

La hernie fémorale s'observe fréquemment chez les femmes qui ont eu plusieurs enfans; elle affecte assez rarement les jeunes filles, et plus rarement encore les hommes. Chez ces derniers, les viscères trouvent plus de facilité à s'échapper par l'anneau inguinal, en suivant le cordon spermatique, qu'à descendre le long du côté interne de la veine fémorale et à soulever l'arcade fémorale en dilatant l'anneau *crural* (2).

---

(1) Il n'y a aucun rapport entre ce Mémoire et celui qui existe sur le même sujet dans la première édition. Le premier paragraphe, ainsi que deux autres, sont les seuls que l'auteur ait conservés, et encore y a-t-il fait des changemens. Je dois donc prévenir qu'on trouvera plusieurs passages de l'ancienne édition traduite par M. *Cayol*, que j'ai cru devoir transcrire textuellement, au lieu de renvoyer à cet ouvrage. Ce Mémoire est un travail complet et nouveau sur la Hernie fémorale, auquel l'auteur a joint une nouvelle planche qui représente fidèlement les détails anatomiques relatifs à l'Anneau et au Canal crural. (*Note du Traducteur.*)

(2) Un enfant de sept ans fit rentrer son testicule gauche dans le ventre. Au bout de dix ans, l'anneau s'étant probablement rétréci beaucoup, le testicule sortit par-dessous l'arcade fémorale : en même temps, *tous les symptômes de la hernie* étranglée se déclarèrent et l'opération devint indispensable. (*Journal de Médecine*, tom. XVI, Janvier, 1809.)

Une disposition inverse existe chez les femmes, à cause de la petitesse de l'anneau inguinal, qui chez elles ne donne passage qu'au ligament rond de l'utérus; en outre, leur bassin étant beaucoup plus large que celui de l'homme, il en résulte que l'endroit par où sortent les vaisseaux fémoraux est plus éloigné du pubis et plus rapproché de l'épine antérieure et supérieure de l'os de la hanche : de sorte que l'anneau inguinal, outre son étroitesse plus grande, est d'ailleurs situé plus bas et plus près du pubis que chez l'homme.

§. II. *Mode particulier d'insertion du ligament de Fallope au pubis.*

Lorsque je publiai mon Mémoire sur ce genre de hernie, je décrivis l'origine et l'insertion du ligament de Fallope, de manière à faire connaître, autant qu'il était nécessaire, la situation, la direction et la structure du *canal inguinal*, qui dans l'homme donne passage au cordon spermatique, et dans la femme au ligament *rond* de l'utérus. Je dois présenter maintenant une description plus détaillée que celle que je fis alors de ces différentes parties, afin d'indiquer positivement ce qu'on doit entendre par anneau *crural*, comment il est formé, et conséquemment quel est le siége précis de la hernie fémorale et ses rapports avec l'arcade de ce nom, soit en dedans, soit en dehors de la cavité abdominale.

Dans l'état naturel, le ligament de Fallope ne

s'étend pas en ligne droite de l'épine antérieure et supérieure de l'os des îles au pubis (1); mais il décrit deux courbures différentes : une supérieure (2), voisine de l'ilium, dont la convexité est tournée en bas, et qui s'étend depuis l'épine antérieure et supérieure de cet os jusqu'à l'éminence ilio-pectiné; une interne (3), un peu convexe en haut, c'est-à-dire dans le sens opposé à la première, qui mesure l'espace compris entre l'éminence ilio-pectiné et le pubis. C'est cette seconde courbure du ligament de Fallope qui constitue, à proprement parler, l'*arcade fémorale*.

Au-dessous de la première courbure passent les muscles iliaque *interne* et psoas, ainsi que le nerf crural antérieur, les filets provenant des nerfs lombaires, plusieurs troncs lymphatiques du membre inférieur, et quelques-uns venant du dos, de la fesse et de la superficie des parois abdominales. Au-dessous de la seconde courbure, c'est-à-dire de l'*arcade fémorale*, on trouve l'artère et la veine fémorale, ainsi que des vaisseaux lymphatiques très-visibles, accompagnés de glandes lymphatiques enveloppées par un tissu cellulaire lâche.

Si l'on examine l'insertion du ligament de Fallope au pubis du côté de la cavité du ventre, on voit qu'elle présente une disposition tout à fait différente de celle qui existe en dehors. En effet,

---

(1) Planche XII, fig. I.
(2) *Idem*, fig. I, a, b.
(3) *Idem*, *idem*, b, c.

le ligament vu de ce dernier côté a la forme d'un faisceau tendineux qui s'élargit un peu avant de s'attacher au pubis (1) ; mais si on le considère du côté du bassin, on remarque que, près de son insertion à l'*épine* du pubis, il semble changé en une expansion triangulaire (2), dont le sommet est implanté à l'angle du pubis, et dont la base se porte en arrière et en dehors, jusqu'au voisinage du côté interne de la veine fémorale, un peu avant son entrée dans le bassin. Suivant M. *Breschet* (3), cette expansion est formée par le bord inférieur de l'aponévrose du muscle transverse abdominal; mais si on ne la regarde pas comme produite par le ligament de Fallope, je pense qu'elle doit être plutôt considérée (je le démontrerai plus bas) comme naissant des deux feuillets de l'aponévrose *fascia-lata*. Le bord supérieur et antérieur de ce ligament triangulaire est incliné en avant (4) et uni au bord externe du ligament de Fallope. Son bord inférieur et postérieur, tourné du côté du bassin (5), se fixe tout le long de la *crête* de la branche horizontale du pubis : on le nomme *ligament de Gimbernat,* du nom de l'auteur, qui en a donné le premier une description détaillée, quoique peu exacte(6). Sa base est concave, mince et résistante (7).

----

(1) Planche XII., fig. I , c. .

(2) Planche XIV , a , a , b , c.

(3) Concours pour la place de chef des travaux anatomiques, 125-126.

(4) Planche XII , fig. I., l , p.

(5) Planche XIII , d ; Pl. XIV , a, c.

(6) Nuevo metodo de operar la hernia crural , etc. Madrid , 1793.

(7) Planche XII , fig. I, n ; Pl. XIII, c ; Pl. XIV, d.

En considérant la situation et l'étendue de ce ligament, qui remplit l'intervalle existant entre l'angle du pubis et les vaisseaux fémoraux, on voit évidemment que c'est lui surtout qui s'oppose à la sortie des viscères par l'arcade fémorale. Lorsqu'on compare sa position et sa direction dans l'homme avec celles du ligament de Fallope près de son insertion au pubis, il est facile de juger de leur différence sous ce rapport. En effet, ce dernier s'étend de l'épine iliaque au pubis, suivant le trajet d'une ligne presque parallèle au pli de la cuisse, tandis que le premier se porte obliquement d'avant en arrière vers l'excavation du bassin (1); il suffit d'ailleurs de faire observer que le bord antérieur du ligament de *Gimbernat* est uni à la partie extérieure du ligament de Fallope, et qu'il se porte en avant, tandis que son bord postérieur, suivant le trajet de la *crête* du pubis, se porte en dedans, et d'autant plus en arrière que cette saillie osseuse se rapproche davantage de l'éminence ilio-pectiné.

Entre la base *concave* du ligament de *Gimbernat* et le côté interne de la veine fémorale, il existe un intervalle rempli par une petite membrane, de forme presque elliptique (2). C'est cet intervalle, qu'on a nommé avec raison *anneau crural*, qui livre passage aux viscères dans la hernie fémorale, et qui est le siége d'une constriction très-

---

(1) Planche XII, fig. I, m ; Pl. XIV, b, a, c.
(2) Planche XII, fig. I, n; Pl. XIII, e ; Pl. XIV, d. s.

forte dans l'étranglement : on peut dire qu'il existe là, comme dans l'aine, un véritable canal (1) résultant de l'inclinaison de devant en arrière du ligament de *Gimbernat* et de l'espace qui sépare la *crête* du pubis de la partie externe du ligament de Fallope, et dont la largeur est d'un demi-pouce environ, c'est-à-dire la même que celle de la branche horizontale du pubis près l'éminence ilio-pectiné. Ce canal, comme on le verra plus bas, offre la coupe d'une plume à écrire, dont la paroi supérieure et antérieure a moins d'étendue que la postérieure. Il est, du reste, très-distinct de la gaîne aponévrotique qui enveloppe les vaisseaux fémoraux.

§. III. *Rapports du Ligament de Fallope avec l'aponévrose Fascia-lata.*

On ne peut pas avoir une idée exacte de la structure de l'*arcade fémorale*, non plus que du mode de formation de la hernie du même nom, des phénomènes qu'elle présente et de sa méthode curative, si l'on ne connaît parfaitement les rapports anatomiques des ligamens de *Fallope* et de *Gimbernat* avec l'aponévrose *fascia-lata* extérieurement, et ceux de l'aponévrose *iliaque* avec le *fascia transversalis* intérieurement.

Lorsqu'on enlève avec soin le *fascia superficialis*, que j'ai décrit plus haut (2), ainsi que les glandes

---

(1) Planche XII, fig. I, n, q.
(2) Voyez les additions du premier Mémoire, §. III.

lymphatiques inguinales superficielles et profondes avec le tissu cellulaire qui les entoure, on met à découvert l'aponévrose *fascia-lata*. Cette aponévrose, qui, après avoir pris naissance au coccyx et au sacrum, recouvre les muscles fessiers et remonte vers la crête iliaque, a été distinguée, à cause de son épaisseur, en deux parties, l'une externe et l'autre interne : la première (1), plus dense et plus compacte, occupe la partie externe et supérieure de la cuisse et présente plusieurs ouvertures (2) pour le passage des vaisseaux sous-cutanés ; elle recouvre l'origine du muscle couturier et du droit antérieur de la cuisse, et s'unit ensuite intimement au bord externe du ligament de Fallope, depuis l'épine antérieure et supérieure de l'os des isles jusqu'au point correspondant à la sortie des vaisseaux fémoraux (3). Un peu au-dessous, elle forme un repli *falciforme* (4), dont la concavité est tournée du côté du pubis. Ce repli passe au-devant des vaisseaux fémoraux, près leur sortie de dessous l'arcade fémorale, se recourbe un peu (5) sous le ligament de Fallope, auquel il adhère, et se réunit au prolongement antérieur et externe de la base *concave* du ligament de *Gimbernat* (6), qui, comme on le voit, n'est pas

---

(1) Planche XII, fig. I., C.
(2) *Idem*, *idem*, d, d, d.
(3) *Idem*, *idem*, a, b, g.
(4) *Idem*, f, f.
(5) *Idem*, g.
(6) *Idem*, v.

3

formé par une expansion de l'extrémité inférieure du ligament de Fallope. La partie inférieure du repli *falciforme* se dirige de bas en haut le long de la cuisse, et remontant ainsi un peu (1), forme le contour d'une fosse *ovale* (2), dont la profondeur et l'étendue varient suivant celle du repli. Un des côtés de cette fosse *ovale* est formé par le bord de ce repli, l'autre par la partie supérieure du muscle pectiné. Inférieurement, elle est recouverte par le tronc de la veine saphène (3), qui vient s'ouvrir au côté interne de la veine fémorale. Le fond de la fosse *ovale* est rempli par les glandes inguinales *profondes*, les vaisseaux fémoraux et du tissu cellulaire. Toute cette partie de l'aponévrose *fascia-lata*, excepté l'extrémité supérieure du repli *falciforme*, constitue la paroi antérieure de la gaîne fibreuse des vaisseaux fémoraux : il n'y a que le côté interne de la veine fémorale (4) qui n'est couvert que par une membrane celluleuse (5) dans toute l'étendue de la fosse *ovale*.

La seconde partie de l'aponévrose *fascia-lata*, c'est-à-dire celle qui s'étend du côté du pubis, semble, pour ainsi dire, sortir du fond de la fosse ovale, derrière la veine fémorale ; de là, elle se porte sur le muscle pectiné, le pubis, l'origine des muscles adducteurs, et recouvre

---

(1) Planche XII, fig. I, b, h.
(2) *Idem*, E.
(3) *Idem*, i.
(4) *Idem*, k.
(5) *Idem*, k.

la partie supérieure et interne de la cuisse. Cette
seconde portion (1) de l'aponévrose *fascia-lata* a
moins de densité et d'épaisseur que la première.
Arrivée près de l'insertion du ligament de Fallope au pubis, elle passe au-dessous de la lame
externe (2) et s'insère tout le long de l'axe longitudinal du ligament de *Gimbernat* (3), qui se
trouve ainsi divisé en deux parties, l'une supérieure ou antérieure, l'autre inférieure et postérieure ou interne (4). Il résulte donc de cette
disposition que la partie supérieure et antérieure
du ligament de *Gimbernat* est un prolongement
du repli *falciforme*, décrit plus haut; tandis que
sa partie inférieure, postérieure et interne,
est formée par la seconde portion de l'aponévrose
fascia-lata, qui s'attache à la crête du pubis,
après avoir recouvert l'insertion du muscle pectiné. Cette lame aponévrotique du *fascia-lata*,
après s'être unie, comme je viens de le dire, tout
le long de l'axe longitudinal du ligament de
Gimbernat, se porte derrière les vaisseaux fémoraux, près de leur sortie, et contribue, en
partie (5), à la formation de la paroi postérieure
de leur gaîne fibreuse.

Il est bon de faire observer ici, que lorsqu'on
introduit une sonde dans l'anneau *crural*, du
côté du ventre, elle s'incline vers le pubis et

---

(1) Planche XII, fig. I, D.
(2) *Idem*, o.
(3) Planche XIII, b, b, b.
(4) *Idem*, c, d.
(5) Planche XII, b, b, b.

passe au-dessus de la lame aponévrotique dont je viens de parler, pour pénétrer dans la fosse *ovale*; et comme il est évident que la hernie fémorale suit le même trajet, il en résulte qu'elle est placée entre le fascia *superficialis* et le *fascia-lata* proprement dit. Le col de la hernie seulement, au-devant duquel passe la partie supérieure du repli *falciforme*, se trouve, par conséquent, compris dans une très-petite étendue, entre les deux lames de l'aponévrose *fascia-lata*. (Pl. XII, fig. I, g, v.)

§. IV. *Rapports du Ligament de Fallope avec l'aponévrose iliaque.*

L'aponévrose *iliaque*, ainsi nommée parce qu'elle occupe la fosse iliaque (1), a des rapports avec le ligament de Fallope et l'arcade fémorale, qu'il est important de connaître. Elle prend naissance d'une production fibreuse très-mince, qu'on remarque au-devant de la colonne vertébrale et des piliers du diaphragme. Son épaisseur augmente insensiblement, à mesure qu'elle descend et s'approche davantage de la région inguinale. Dans la fosse iliaque, elle recouvre le muscle iliaque *interne*, le *grand* psoas et le *petit*, quand il existe (2). Elle s'attache à la lèvre interne de la crête de l'os des isles (3), au-dessous de l'in-

---

(1) Planche XIV, e, e; Pl. XIII, h, i.
(2) Planche XIV, e, e, r.
(3) *Idem*, C.

sertion du *fascia transversalis*, s'étend jusqu'au rebord saillant qui forme le détroit supérieur du bassin (1), où elle se fixe intimement, en passant derrière les vaisseaux iliaques, et se prolonge ensuite jusque dans l'excavation pelvienne. Après s'être unie aux tendons des psoas, elle se dirige vers la partie inférieure de la région inguinale et se joint au repli intérieur du ligament de Fallope, depuis l'épine antérieure et supérieure de l'os des isles, jusqu'à l'éminence iliopectiné. Dans ce trajet, elle rencontre les vaisseaux fémoraux près leur sortie du bassin ; elle les enveloppe d'un repli (2) qui interrompt toute communication entre la cavité abdominale et la gaîne aponévrotique que leur forme le *fascia-lata*. Elle se porte ensuite derrière ces mêmes vaisseaux (3), contribue à la formation de la paroi postérieure et externe de leur enveloppe fibreuse, dans l'intérieur de laquelle elle forme une cloison intermédiaire à la veine et à l'artère fémorales (4).

Il résulte évidemment de cette disposition, que la gaîne aponévrotique qui entoure les vaisseaux fémoraux à la partie supérieure de la cuisse, est formée en dedans du bassin par l'aponévrose *iliaque*, en dehors par le *fascia-lata*, qui s'unissent (5) tous les deux au ligament de Fallope et

(1) Planche XIV, f, f.
(2) *Idem*, h.
(3) Planche XIII, h, l, l, i.
(4) *Idem*, p.
(5) Albinus, *Hist. Muscul. Hom.*, pag. 319. Il dit, en parlant du

à l'arcade fémorale. Cette adhérence intime entre les aponévroses interne et externe est augmentée par un moyen d'union que les anatomistes n'ont pas indiqué, lequel (1) fixe à l'éminence ilio-pectiné ces deux aponévroses réunies, ainsi que la gaîne fibreuse des vaisseaux fémoraux. Ce ligament me semble mériter une attention particulière, car c'est lui qui divise en deux parties l'ouverture *crurale* longitudinale que forme le ligament de Fallope, en s'insérant de l'épine iliaque au pubis, en même temps qu'il maintient ce ligament fortement déprimé à sa partie moyenne et qu'il s'oppose à toute espèce de déplacement des vaisseaux fémoraux dans les mouvemens variés du membre inférieur.

A l'endroit où l'aponévrose *iliaque* forme une duplicature qui enveloppe ces vaisseaux avant leur sortie du bassin, il existe une membrane fine qui passe sur l'anneau crural (2) et s'étend sur la face interne du ligament triangulaire de *Gimbernat*: peut-être vient-elle du *fascia transversalis*, qui se confond avec l'aponévrose *iliaque* à la face interne du pubis. Quoi qu'il en soit, elle couvre l'anneau *crural;* souvent elle est si extensible, qu'en la poussant en bas on peut la déprimer et lui donner la forme d'un doigt de

---

petit psoas: *Ad hæc extremum ejus ab externo latere abit in aponevrosem tenuiorem, quæ psoam magnum simul cum iliaco interno a priori parte qua ante ischion delabuntur, ambiens, descendit ad inguen, abitque in tendineam femoris vaginam.*

(1) Planche XIII, m.

(2) Planche XIV, s.

gant. Elle est percée de plusieurs ouvertures qui donnent passage à des vaisseaux lymphatiques du membre inférieur, et quelquefois elle renferme dans son milieu une petite glande lymphatique.

L'union des aponévroses *iliaque*, *fascia-lata*, avec les ligamens de Fallope et de *Gimbernat*, ainsi qu'avec la gaîne fibreuse des vaisseaux fémoraux, remplit encore quelques usages non moins importans que ceux que j'ai déjà indiqués. C'est ainsi que l'aponévrose *iliaque* oppose une résistance très-forte à l'impulsion des viscères contre l'arcade fémorale, par sa texture solide, ses attaches à l'os des isles et au ligament de Fallope, dans la partie profonde de la région inguinale. Si le péritoine eût été seul dans cette partie, il n'eût rempli ce but qu'incomplètement. Il en est de même de l'aponévrose *fascia-lata* dont l'élasticité présente une force suffisante pour déprimer l'arcade fémorale, comme on l'observe facilement quand, étant debout, on se laisse tomber lentement en arrière. On remarque la même chose sur le cadavre, en appliquant l'extrémité des doigts sur le ligament, pendant qu'on fait étendre et porter en dehors le membre inférieur. On sent, au contraire, un relâchement marqué dans ce ligament, lorsque le membre est fléchi sur le bassin et porté dans l'adduction.

Dans le premier cas, si l'on enfonce alors le petit doigt dans l'anneau crural, du côté de la cavité du ventre, jusqu'à l'union du repli *falci-*

forme avec le ligament de *Gimbernat* (1), on sent évidemment une forte constriction dans ces deux points, surtout dans l'anneau *crural*, laquelle diminue sensiblement lorsqu'on fait fléchir la cuisse du cadavre en inclinant le genou en dedans. Quand le doigt est ainsi comprimé dans l'anneau *crural*, si l'on introduit un bistouri convexe sur son tranchant de dehors en dedans, et si l'on incise la base concave du ligament de Gimbernat dans l'étendue de deux ou trois lignes seulement, sans toucher aucunement le faisceau externe du ligament de Fallope, la constriction du doigt cesse aussitôt, non-seulement à l'anneau *crural*, mais encore dans le point où le repli *falciforme* se continue avec le ligament de *Gimbernat*, et le canal *crural* se trouve évidemment élargi. Au contraire, si l'on incise verticalement de bas en haut l'arcade fémorale, au lieu de couper ainsi le ligament de *Gimbernat* suivant sa longueur, sans toucher au ligament de Fallope, on donne bien une largeur plus grande au canal *crural*, mais elle est bien moindre que par l'incision pratiquée comme je viens de le dire.

§. V. *Origine et Développement de la Hernie fémorale.*

La hernie fémorale résulte du déplacement du péritoine et d'une portion des viscères de l'ab-

---

domen à travers l'anneau *crural* (1), après avoir poussé en avant, écarté ou rompu la membrane très-mince qui le recouvre. De cette manière, elle se forme toujours entre le côté interne de la veine fémorale et la base concave du ligament de Gimbernat. Insensiblement le sac herniaire, enveloppé par le tissu cellulaire sous-péritonéal et celui du canal *crural*, s'allonge davantage et vient faire saillie au-dessous de la partie antérieure du ligament de Fallope, dans le point où l'extrémité supérieure du repli *falciforme* s'unit à la partie antérieure et supérieure du ligament de Gimbernat (2); plus bas, il est placé dans la fosse *ovale* (3).

Les observations des praticiens les plus distingués confirment ce fait pathologique, et je pourrais en citer à l'appui un bon nombre qui me sont propres. Chez une femme qui portait une hernie fémorale tellement volumineuse qu'elle descendait jusqu'au tiers supérieur de la cuisse, j'ai trouvé le col du sac herniaire situé, non pas sur les vaisseaux fémoraux, mais bien entre eux et le pubis, et précisément, comme je l'ai dit, entre le côté interne de la veine fémorale et la base du ligament de Gimbernat. Ceci est d'ailleurs démontré par les faits qu'ont rapportés *Ledran* (4), *Lafaye* (5), *Petit* (6), *Morga-*

---

(1) Planche XIV, b, d, c.
(2) Planche XII, fig. I, g, v, n.
(3) *Idem*, E.
(4) Observ. chirurg., tom. II, pag. 2.
(5) Voy. Dionis, pag. 358.
(6) OEuvres Posthumes, tom. II, pag. 219.

gni (1) , *Arnaud* (2) , *Gunzius* (3) , *Bertrandi* (4) ,
Pott (5) , *Desault* (6) , *Bell* (7) , *Richter* (8) ,
Nessi (9) , *Lassus* (10).

Astley Cooper, dont le mérite chirurgical est
au-dessus de tout éloge, pense qu'il existe une
communication facile entre l'anneau *crural* et
la gaîne aponévrotique des vaisseaux fémoraux
(11), ainsi qu'une libre issue de son intérieur
au-dehors par quelques-uns des trous qui livrent
passage aux vaisseaux lymphatiques qui s'y rendent, ou bien par quelque ouverture analogue.
En conséquence, il regarde ce trajet comme
étant celui que parcourt toujours la hernie fémorale en se développant pour faire saillie au-
dehors. J'avoue que je ne puis partager cette
opinion, et qu'il me semble que ce célèbre chirurgien a confondu, sous le nom de gaîne des
vaisseaux fémoraux, deux parties distinctes, la

____

(1) De Sed. et Caus. Epist. XXXIV, 15.
(2) Mém. de Chirurg., tom. II, pag. 768.
(3) De Herniis Libellus , pag. 78.
(4) Trattato delle operazioni , tom. I , annotaz., pag. 218.
(5) Chirurg. Works, tom. II, pag. 152.
(6) Malad. Chirurg., pag. 191-195.
(7) A System. of surgery , tom. I , pag. 387.
(8) Traité des Hernies , chap. XXXIV.
(9) Instituz. Chirurg. , tom. II, pag. 198.
(10) Médec. Opérat. , tom. I , pag. 198.
(11) The Anatomy and surgical treatement of hernia, part. II,
pag. 4. If the finger is pressed-upon the crural ring, it may be passed
for half to three quaters of an inch Towards the thigh Within the
sheath. But there is no other aperture to this part, if the sheath re-
mains, except the minute cribriform holes for the absorbent vessels,
or a snigle one, if they enter in a closter. When the finger is thrust
down through the crural space, the lunated , or semilunar edge of
the fascia-lata may be distinctily felt.

gaîne proprement dite et le canal *crural*. En effet, il est facile de voir, lorsqu'on enfonce le petit-doigt dans l'anneau et le canal *crural*, qu'il ne pénètre nullement dans la gaîne fibreuse des vaisseaux ; que seulement il descend le long du côté externe de la veine fémorale, qui est séparée de l'anneau et du canal *crural* par une membrane fine, mais assez solide, et que toujours la saillie qu'il forme est au-dessous du point où l'extrémité supérieure du repli *falciforme* se recourbe sous le ligament de Fallope (1) ; depuis cet endroit jusque dans la fosse *ovale*, la hernie ne peut être recouverte par la gaîne fibreuse des vaisseaux fémoraux, puisque le tronc lui-même de la veine fémorale n'a là d'autre enveloppe à son côté interne qu'une membrane celluleuse(2). On rend cette disposition évidente en ouvrant longitudinalement le canal et l'anneau *crural*. L'extrémité du repli *falciforme* passe, il est vrai, sur le col du sac herniaire ; mais il ne fait pas partie (3) de la gaîne aponévrotique des vaisseaux fémoraux, il n'est véritablement qu'un prolongement du *fascia-lata*, qui passe au-dessus d'eux pour aller s'unir au ligament de Gimbernat sous le ligament de Fallope.

Je crois donc que pour donner une idée exacte de la formation et du développement de la hernie fémorale, on doit dire que lorsque le sac a passé

---

(1) Planche XII , fig. I , v , n.
(2) *Idem*, k , k.
Idem, fig. I , g , v ; Pl. XIII , o.

à travers l'anneau *crural,* il descend, non dans la gaîne fibreuse des vaisseaux fémoraux, mais bien dans le canal *crural,* entre le côté interne de la veine fémorale et la base concave du ligament de Gimbernat, et que la tumeur extérieure qu'il forme est située au-dessous du repli *falciforme,* dans le haut de la cuisse. Si, dans quelques cas rares, tels que ceux observés par *Monro* (1) et *Hesselbach* (2), la hernie, aussitôt après son apparition, semble formée de plusieurs lobes, le fait ne peut être expliqué que par l'épaisseur inégale du sac herniaire, ou par la résistance, variable dans quelques points, que le tissu cellulaire qui recouvre le côté interne de la veine fémorale et qui remplit la fosse *ovale,* oppose à son développement. Dans la hernie inguinale, on trouve aussi quelquefois le sac herniaire, indépendamment de cette cause, formé de plusieurs locules ou cavités communiquant toutes dans l'abdomen par une ouverture commune, comme dans le cas dont il est question.

§. VI. *Siége précis de la Hernie fémorale dans le haut de la cuisse.*

Les causes qui déterminent la formation de cette hernie sont les mêmes que celles qui ont

---

(1) Morbid anatomy. Pl. XII, XIII, XIV.

(2) De Ortu et Progressu Herniarum, pag. 45, planc. XIII. *Haud raró contingit, ut in sujectis masculis sacci hernialis corpus aut duplex, aut in plura divisum apparcat; scilicet cùm tendinosi textus retiformis fasciculi in lacuna externa* (fosse ovale du haut de la cuisse), *sacci hernialis impetui restiterit, ille ipse per textûs intervalla prorumpit.*

été déjà énumérées. Aussitôt que le sac herniaire
a franchi le canal *crural*, il soulève le bord externe du ligament de Fallope, ainsi que l'extrémité supérieure du repli *falciforme*, et se trouve
immédiatement placé, comme on vient de le
dire, dans la fosse ovale, où la résistance des
parties environnantes, bien moindre que celle
du canal *crural*, ne s'oppose que faiblement à
son développement : c'est pourquoi il ne tarde
pas à acquérir un volume assez considérable,
malgré l'étroitesse de son col. Insensiblement
la tumeur se prolonge jusqu'au bas de la fosse
ovale; mais alors son accroissement ne peut plus
continuer dans ce sens, à cause de l'adhérence
intime du fascia *superficialis*. Peu à peu les fréquens mouvemens de flexion de la cuisse la font
remonter vers la région inguinale, où elle semble
située transversalement et parallèlement au ligament de Fallope, qu'elle recouvre. Il est évident
que dans cette position le fond et le corps de la
hernie forment avec son col un angle plus ou
moins aigu, suivant qu'elle a été repoussée plus
ou moins haut. Chez les sujets maigres, lorsque
le fascia *superficialis* est très-mince et le sac herniaire rempli de sérosité, la finesse de ses enveloppes est telle, que les viscères déplacés semblent être *à fleur de peau.*

---

(1) Planche XII, fig. I, q, E.

§. VII. *Comparaison des Signes de la Hernie fémorale avec ceux de la Hernie inguinale.*

Malgré le voisinage des deux anneaux *inguinal* et *crural*, qui sont encore plus rapprochés l'un de l'autre dans la femme que dans l'homme, il est facile de distinguer dans les deux sexes la hernie fémorale de la hernie inguinale. La hernie fémorale commençante, quand elle a la grosseur d'une aveline, est située si profondément à la partie interne du pli de la cuisse, qu'il est difficile, même chez les personnes maigres, d'en toucher le col ; et lorsqu'on explore sa circonférence, on ne parvient qu'avec beaucoup de peine, quand la tumeur est volumineuse, à distinguer le bord tendineux de l'ouverture qui lui a livré passage. Dans les deux sexes, la hernie inguinale, au contraire, quelque petite qu'elle soit, est toujours située au-dessus du pli de la cuisse ; et en portant le doigt autour de son col, on sent facilement dans son contour le bord tendineux de l'anneau inguinal, et à la partie postérieure et latérale, chez l'homme, le cordon des vaisseaux spermatiques.

Lorsque la hernie fémorale a acquis un volume considérable, son fond est relevé et son corps situé transversalement dans le pli de la cuisse ; de sorte que pour toucher le ligament de Fallope, il faut la déprimer de haut en bas. La hernie inguinale, dans l'homme (à l'exception de l'inguinale *interne*), présente toujours une

tumeur de forme pyramidale, dirigée du flanc vers le pubis ; tandis que la hernie fémorale, de forme ovalaire, a son plus grand diamètre parallèle au pli de l'aine. Chez la femme, la hernie inguinale diffère de la fémorale, en ce qu'elle se dirige de l'anneau inguinal à la partie supérieure de la lèvre de la vulve. Chez elle, la difficulté du diagnostic est très-grande, quand ces deux hernies existent du même côté à la fois, l'inguinale et la fémorale. *Arnaud* (1) en rapporte un exemple : « Une femme, âgée de vingt-six ans, d'un
» tempérament fort délicat, qui avait eu plu-
» sieurs couches très-laborieuses, était incom-
» modée d'une hernie crurale, qui s'étrangla.
» La tumeur, située dans le pli de la cuisse,
» était fort saillante au-dehors et avait la forme
» d'un gros œuf de poule. J'ouvris le *sac*, et je
» n'y trouvai qu'une très-petite anse d'intestin,
» qui n'excédait pas le volume de la moitié d'une
» petite noix. Cette disproportion de l'intestin
» avec le volume de la tumeur excita ma curio-
» sité ; je prolongeai l'incision pour la découvrir
» davantage, et j'aperçus une autre hernie,
» quatre fois plus grosse, qui se portait du côté
» de l'os pubis. J'ouvris le sac qui l'enveloppait,
» et j'y trouvai une anse d'intestin de deux pouces
» de longueur, qui était étranglée par un petit
» faisceau de fibres tendineuses, et non par le
» ligament de Fallope. J'en fis la dilatation et je

____

(1) Mém. de Chirurgie, tom. II, pag. 605. Cooper, ouv. cité,
VI.

» remis l'intestin dans le ventre : il était fort
» rouge ; cependant tout se passa fort bien après
» l'opération, et la malade guérit. »

Ce petit faisceau de fibres tendineuses, qui
paraissait bien distinct du ligament de Fallope
et de l'arcade fémorale, était, si je ne me trompe,
le pilier inférieur de l'anneau inguinal, qui est,
chez la femme, très-voisin de l'anneau *crural*.

Les tumeurs enkistées, les hydatides, les
glandes inguinales tuméfiées, l'état variqueux
du tronc de la saphène, dont le siége est tantôt
sur l'arcade fémorale et tantôt immédiatement
au-dessous, rendent le diagnostic très-obscur
quand il existe des signes d'étranglement, parce
que leur aspect, leur forme et leur souplesse ont
toute l'apparence de celles de la hernie fémorale.
Je ne peux donc trop avertir les jeunes chirurgiens
dans cette circonstance, afin qu'ils apportent la
plus grande attention avant de prononcer leur
opinion sur la nature de la maladie en question.

§. VIII. *Examen anatomique de la Hernie fémorale.*

Lorsqu'on dissèque une hernie fémorale, on
trouve, après avoir enlevé les tégumens communs, le *fascia superficialis* et plusieurs glandes
lymphatiques, dont quelques-unes sont situées
sur la partie antérieure de la tumeur. Au-dessous
du *fascia*, on découvre l'enveloppe celluleuse de
la hernie (1), formée par le tissu cellulaire extérieur au péritoine, qu'il a entraîné avec lui, ainsi

______

(1) Planche VIII, h, h.

que le réseau celluleux qui remplit la fosse *ovale*.
Dans la hernie fémorale petite et récente, cette
enveloppe celluleuse est lâche et très-extensible;
quand la tumeur est volumineuse et ancienne,
elle est dense et résistante, mais cependant jamais
autant que dans une hernie scrotale du même
volume. Lorsque la tumeur est petite et récente,
cette enveloppe est tellement lâche, que lors
de la réduction du sac herniaire, elle rentre avec
lui dans la cavité abdominale.

La petitesse du diamètre de l'anneau et du
canal *crural* donne au sac herniaire la forme
d'une bouteille à col étroit (1). *Astley Cooper*
pense (2) que l'enveloppe celluleuse dont nous
parlons est formée de deux lames, dont l'extérieure n'est que le prolongement de la membrane
qui recouvre l'anneau *crural*, et qu'il désigne sous
le nom de fascia *propria*. Il est possible que chez les
sujets où elle est lâche et très-extensible, elle puisse
être poussée au-devant de la hernie et former une
cavité semblable à un doigt de gant; mais il
résulte de mes observations que ce fait n'est pas
constant et n'est pas toujours visible, même dans
les hernies d'un très-petit volume et commen-

----

(1) Charles Bell. Surgical observ., fasc. II, pag. 206-211. This en-
velope ought nos to be called *a fascia*. It is the cellular membrane
which the peritoneum pushes before ist descent, condensed, and
become firm, and accordingly surrounds it in all sides hand as a
narrow nek like a bottle.

(2) Ouv. cit., part. II, pag. 6-7. It may be termed the *fascia
propria*. — When the hernia therefore enters the sheath, it pushes
this *fascia* before it, so thet the sac may be Drawn from its inner
side, and the *fascia*, wich covers it, lest distinct.

çantes, de sorte qu'il est difficile de trouver alors
deux lames distinctes dans l'enveloppe celluleuse.
Je pense que la cause qui fait varier cette disposition, vient de ce que la membrane qui recouvre
l'anneau *crural*, présentant plusieurs ouvertures
qui donnent passage à des vaisseaux lymphatiques, et contenant fréquemment dans son milieu
une petite glande lymphatique, elle est plus
souvent traversée par le sac herniaire que poussée
par lui en avant et en bas.

L'enveloppe celluleuse de la hernie fémorale
offre, à la vérité, des différences qui souvent indui-
sent en erreur le chirurgien le plus exercé. Tantôt elle présente des intersections produites par
des brides ligamenteuses, tantôt elle est parsemée
de petits kystes séreux, et d'autres fois elle contient de la graisse et ressemble à l'épiploon. Dans
tous ces cas, la nature et l'aspect connu du tissu
cellulaire en général, servent de guide dans la dissection de cette enveloppe, jusqu'à ce qu'on soit
arrivé au sac herniaire péritonéal. Ce dernier est
d'un blanc nacré, à moins que les viscères contenus
ne soient gangrenés ou très-infiltrés de sang :
il paraît alors noirâtre. Sa surface interne est
lisse (1); son épaisseur est la même que celle
du péritoine dans l'état naturel, si ce n'est dans
le cas où la hernie a été plusieurs fois le siége
d'une inflammation *adhésive*, avec effusion de
lymphe plastique organisable.

On trouve ordinairement peu de sérosité dans

____

(1) Planche VIII, g, g.

le sac de la hernie fémorale, probablement parce qu'elle est le plus souvent peu volumineuse. Quelquefois, cependant, le contraire a lieu : une quantité de liquide plus considérable est une circonstance fâcheuse pour le malade, parce qu'il en résulte un soulèvement plus grand du fond de la tumeur, dont le corps forme par conséquent alors un angle plus aigu avec le col : en outre, quand il y a dans ce cas étranglement, la mollesse et la dépression facile de la tumeur, à cause de l'eau qu'elle contient, donnent l'espoir au praticien peu exercé d'obtenir la réduction, et les moyens qu'il emploie à cet effet ont toujours un résultat funeste. Du reste, les viscères qui forment la hernie fémorale sont les mêmes que ceux qu'on trouve dans la hernie inguinale.

§. IX. *De l'Artère épigastrique et de ses Rapports avec le col de la hernie fémorale.*

Pour bien voir la situation de l'artère épigastrique et ses rapports avec le cordon spermatique et le col du sac herniaire sur un individu affecté de hernie fémorale, il faut inciser transversalement l'aponévrose du muscle oblique externe de l'abdomen, deux ou trois lignes au-dessus du ligament de Fallope et parallèlement à l'arcade crurale.

L'artère épigastrique (1), née de l'iliaque

____

(1) Planche VIII, 4; Pl. XII, fig. I, s; Pl. XIV, m.

externe, près l'arcade crurale, à *neuf lignes* de l'anneau *crural*, se dirige obliquement de dehors en dedans et remonte vers la *ligne blanche* (1), distante de *quatre lignes* du col du sac herniaire et du côté externe de l'anneau *crural;* enfin, appuyée sur la convexité du grand sac péritonéal, elle se porte vers le muscle droit (2), derrière lequel elle se cache. Dans son trajet, elle distribue des rameaux, qui, se portant de bas en haut, vont rencontrer les rameaux inférieurs de la mammaire interne, avec lesquels ils s'anastomosent. Un peu avant de croiser la direction du cordon spermatique, elle fournit deux autres petits rameaux, qui se répandent dans le tissu cellulaire du cordon et s'anastomosent avec l'artère spermatique. Quand il existe une hernie fémorale, on les trouve à la face antérieure et supérieure du collet du sac; tandis que dans la hernie inguinale *externe*, ils sont situés derrière le col du sac herniaire : on a expliqué plus haut la cause de cette disposition différente.

§. X. *Du Cordon Spermatique, et de ses Rapports avec le col de la hernie fémorale.*

L'artère spermatique (3), entrelacée avec les veines du même nom, descend obliquement d'arrière en avant, le long des muscles psoas et

---

(1) Planche VIII, 4, 5.
(2) *Idem*, 5, 6, 7.
(3) *Idem*, 9; Pl. XII, fig. I, *x*, u, u, u.

iliaque *interne*, en se rapprochant toujours davantage, à mesure qu'elle devient plus inférieure, de l'arcade fémorale ; ensuite elle se porte derrière le bord du ligament de Fallope, où elle est placée comme dans un sillon, en se dirigeant vers le pubis. Un peu avant d'y arriver, elle sort de ce sillon et remonte vers l'anneau *inguinal* (1), qui est situé plus haut que l'angle interne et inférieur de l'arcade fémorale, surtout chez l'homme. Dans le trajet que parcourt le cordon, il passe au-dessus de l'artère épigastrique (2), en même temps qu'il croise la partie supérieure du col de la hernie fémorale antérieurement ; le canal *déférent* suit le même trajet, mais en sens inverse, puisqu'il se porte de l'aine dans le ventre, derrière le col de la vessie (3).

§. XI. *Le col du sac de la hernie fémorale est situé presqu'au milieu de l'espace compris entre l'artère épigastrique, le cordon spermatique et le pubis.*

Il résulte de la disposition des parties que nous venons d'indiquer, que chez l'homme affecté de hernie crurale, le col du sac herniaire est placé entre l'artère épigastrique, le cordon spermatique et le pubis, à distance presque égale de chacune de ces parties. Le cordon croise antérieurement le sommet du col du sac, et se rapproche d'autant plus des tégumens, qu'il avoi-

---

(1) Planche VIII, 11, 12.
(2) *Idem*, 5, 11, 12 ; Pl. XIV, q, q.
(3) Planche VIII, 15, 16 ; Pl. XIV, p.

sine davantage l'anneau inguinal : l'artère spermatique, au contraire, après avoir croisé le
cordon, s'enfonce d'autant plus dans la cavité
du ventre, qu'elle s'avance plus vers le muscle
droit abdominal.

Dans la Planche VIII, les vaisseaux qui composent le cordon spermatique sont représentés
un peu isolés les uns des autres et soulevés avec
une érigne (1), afin de mettre en évidence le
trajet qu'ils parcourent le long du sillon du ligament de Fallope jusqu'à l'anneau inguinal : dans
leur situation naturelle, ils eussent été cachés
en grande partie par le pilier inférieur de l'anneau inguinal. Au reste, il est aisé de rectifier
par la pensée un aussi léger dérangement : la
seule inspection de la gravure fait assez connaître
qu'abandonnés à eux-mêmes, ces vaisseaux des-
cendraient de quelques lignes et se placeraient
derrière le ligament de Fallope, dans le tissu que
forme le repli de son bord interne.

§. XII. *De l'Enfoncement ou Fosse supérieure
formée par le péritoine, dans laquelle commen-
cent les hernies inguinale externe et fémorale.*

En parlant de la formation de la hernie inguinale *externe* (1), j'ai fait observer qu'à peu de
distance de l'anneau, et sur les côtés de la vessie,
le péritoine, soulevé dans une certaine étendue

---

(1) Planche VIII, 11, 15; Pl. XII, fig. I, w.
(2) Voyez le premier Mémoire, §. IX.

par le ligament ombilical, forme un repli plus ou moins large, qui sépare deux enfoncemens ou *fosses*, dont l'une est *supérieure* ou *externe*, et l'autre *inférieure* ou *interne*. C'est dans la première, ai-je dit, que commence ordinairement la hernie inguinale *externe*, ainsi que la hernie fémorale, qui ne diffèrent l'une de l'autre qu'en ce que cette dernière, au lieu de suivre le trajet du cordon spermatique comme la première, s'ouvre un passage un peu au-dessous de lui, et sort par l'anneau *crural*, entre le côté interne de la veine fémorale et la base concave du ligament de *Gimbernat*. De cette disposition résultent nécessairement les rapports différens de l'artère épigastrique et du cordon spermatique avec le col de la hernie inguinale *externe* et avec celui de la hernie fémorale. Dans celle-ci, le sac herniaire étant appuyé sur le cordon spermatique, passe avec lui au-dessus de l'artère épigastrique; conséquemment, cette artère doit se trouver, de même que le cordon, à la partie postérieure du sac herniaire. Au contraire, le sac de la hernie fémorale commençant à se former au-dessous du point où le cordon spermatique franchit le muscle transverse et croise l'artère épigastrique, ces vaisseaux se trouvent naturellement placés sur la face antérieure du sommet du col du sac herniaire, exactement comme le représente la planche VIII, jointe à mon premier Mémoire sur ce sujet.

Chez la femme comme chez l'homme, la hernie fémorale commence dans la *fosse supérieure* ou *externe*, et rarement dans la *fosse inférieure* ou *interne*. Chez elle, aussi, la hernie fémorale passe au-dessous du point où le ligament *rond* de l'utérus croise l'artère épigastrique ; puis elle pénètre dans l'anneau *crural*, entre le côté interne de la veine fémorale et la base du ligament de *Gimbernat*; de sorte que le sommet du col du sac de la hernie fémorale, chez l'homme, est croisé par le cordon spermatique, et chez la femme par le ligament *rond* de l'utérus.

§. XIII. *Précautions à prendre pour opérer la réduction de la Hernie fémorale, et Bandage convenable pour la maintenir.*

Puisque le fond et le corps de la hernie fémorale forment avec le col un angle plus ou moins aigu, il est évident que le mode de réduction de cette hernie ne peut être le même que celui qu'on emploie pour la hernie inguinale. Il faut donc, d'abord, faire disparaître cet angle autant que possible, en plaçant le malade sur le côté opposé à celui de la hernie, et en lui faisant plier et porter dans l'adduction la cuisse du côté affecté. Ensuite on exerce une pression douce et graduée, de haut en bas, dans la direction de la cuisse, sur le fond et le corps de la hernie, jusqu'à ce qu'on sente distinctement le ligament de Fallope. Quand on a ainsi abaissé le sac herniaire de manière à ce qu'il soit presque dans la direction de son col, on le presse de bas en haut, et les viscères rentrent avec facilité dans la cavité du ventre. Le *taxis* opéré de toute autre manière ne peut que causer des accidens graves , surtout si on a lieu de craindre l'étranglement ; je dis , si on a lieu de craindre l'étranglement , parce que , s'il existe , les tentatives de réduction , employées même suivant la méthode indiquée , sont fréquemment inutiles et ne font souvent qu'aggraver les accidens et accélérer les progrès de la gangrène.

Lorsqu'on est heureusement parvenu à obtenir la réduction de la hernie , en suivant les préceptes que je viens d'exposer, il faut , sans retard , appliquer un bandage. L'expérience m'a démontré que ceux qu'on construit avec un *ressort circulaire*, sont , dans tous les cas, les plus convenables, en leur faisant subir une légère modification qui consiste à donner au col du ressort l'allongement nécessaire pour qu'il s'adapte plus exactement au pli de la cuisse , suivant que la hernie est petite ou volumineuse , ainsi qu'à augmenter, suivant les sujets , l'étendue en longueur du compresseur , dont la forme doit être ovale , afin qu'il ne gêne pas les mouvemens de flexion de la cuisse. Je dois prévenir aussi les jeunes praticiens qu'ils doivent surtout insister sur l'application continuelle du bandage, jour et nuit, et veiller à ce qu'elle soit faite avec la plus grande exactitude , car la hernie fémorale est , bien plus que l'inguinale , sujette à récidive.

Je ne sache pas qu'il existe aucun exemple de hernie fémorale , quelque petite et récente qu'elle fût, qui n'ait reparu aussitôt après le bandage enlevé, quoiqu'on l'eût maintenu appliqué, avec la plus scrupuleuse exactitude, pendant un temps plus ou moins long. Cette fréquence de la récidive est due, je pense, autant à la structure aponévrotique et ligamenteuse de l'anneau et du canal *crural*, qu'à sa direction, qui est justement dans celle suivant laquelle les viscères abdominaux sont naturellement poussés. Le canal inguinal est loin de présenter une disposition analogue, puisque dans l'adulte il est situé transversalement à l'axe vertical de l'abdomen, et qu'en outre, dans les jeunes sujets, il tend à se rétrécir.

§. XIV. *Dans le cas d'étranglement, la Hernie fémorale exige du chirurgien les plus prompts secours.*

Le passage étroit par lequel les viscères s'échappent pour former la hernie fémorale ; la longueur de son col ; la résistance des bords de l'anneau *crural* et des bandelettes aponévrotiques et ligamenteuses jointes à lui ; la pression alternative exercée sur le col de la hernie par l'extrémité supérieure du repli *falciforme* dans les mouvemens de flexion de la cuisse sur le bassin ; enfin l'angle que forment le fond et le corps du sac herniaire avec son col ; telles sont les causes prédisposantes, dont l'influence explique la plus grande fréquence de l'étranglement dans la hernie fémorale, comparativement à ce qu'on observe dans la hernie inguinale :

ces causes donnent également la raison pour laquelle la première passe aussi plus rapidement de l'état d'incarcération à celui d'étranglement (1).

Lorsque ce funeste accident survient, l'intensité des symptômes est encore augmentée, comme *Charles Bell* l'a fait observer, par l'effusion d'une lymphe concrescible dans la cavité de l'intestin étranglé, laquelle augmente d'autant plus la distension de ses parois, causée déjà par les gaz et les matières fécales, qu'ordinairement cette hernie n'est formée que par une anse intestinale peu étendue ; et s'il survient alors une déchirure à l'intestin, il s'en écoule un liquide lactiforme tout-à-fait différent des féces. L'étranglement fait des progrès si rapides dans la hernie fémorale, qu'il n'est aucun praticien qui n'ait reconnu que ce cas est celui dans lequel l'opération doive être pratiquée le plus promptement. Indépendamment de la disposition des parties que nous venons d'indiquer comme hâtant les progrès de la gangrène, lorsqu'il y a étranglement, on doit encore craindre l'*ulcération* que le rebord tran-

---

(1) Je crois devoir rappeler ici en quoi consiste la différence de ces deux états, ainsi désignés par l'auteur dans la première édition de son *Traité des Hernies*. La hernie est dite *incarcérée*, lorsqu'il y a interruption du cours des matières fécales, sans aucune lésion bien notable de la texture et de la vitalité de l'intestin. La hernie est *étranglée*, lorsqu'il existe, outre l'interruption des matières fécales, une lésion organique des membranes de l'intestin, avec perte de sa vitalité. « L'observation clinique vient à l'appui de cette distinction : » l'intestin qui n'est qu'*incarcéré* reprend ses fonctions aussitôt qu'il » a été replacé dans le ventre ; celui qui est véritablement *étranglé* » ne revient jamais à son état naturel. » (*Note du traducteur.*)

chant et résistant de la base du ligament de Gimbernat ne tarde pas à déterminer par la pression très-forte qu'il exerce sur le côté interne du col du sac herniaire.

§. XV. *Le Diagnostic de la Hernie fémorale est souvent obscur, à cause du voisinage de glandes inguinales, dures et tuméfiées.*

En traitant de l'étranglement de la hernie inguinale, j'ai insisté sur la nécessité de pratiquer l'opération, sans trop de retard, lorsque les moyens employés pour obtenir la réduction ont été sans succès. C'est pourquoi je renvoie pour la hernie fémorale, à ce que j'ai dit alors sur ce sujet. Avant de se décider à pratiquer l'opération, on doit apporter la plus grande attention en explorant la maladie; car il peut arriver qu'une glande inguinale tuméfiée et enflammée présente tout l'aspect d'une hernie fémorale, ou bien encore elle peut cacher une petite tumeur herniaire étranglée, comme cela existait dans le cas rapporté par *Else* (1). A la vérité, ce célèbre chirurgien n'avait examiné la maladie qu'une seule fois dans son principe, et lorsque les signes de l'étranglement n'étaient pas encore manifestes.

Mais, lorsqu'après avoir reconnu l'existence d'une glande inguinale, tuméfiée et douloureuse

---

(1) Med. Observ. and inquiries, vol. IV.

au toucher, on voit en même temps des nausées, des vomissemens, une suppression complète des évacuations alvines, on ne peut douter qu'il y ait au-dessous d'elle une hernie fémorale étranglée et d'un petit volume. On ne doit pas hésiter alors à pratiquer promptement une incision pour enlever la glande inguinale, mettre à découvert le sac herniaire, et opérer ensuite le débridement de l'anneau. Il existe plusieurs exemples de cas semblables, dans lesquels l'opération a eu le plus heureux succès (1).

Je vais rapporter ici une observation dont toutes les circonstances rapprochées n'ont servi qu'à induire en erreur dans le diagnostic ; elle prouvera combien il peut être obscur quelquefois, sans infirmer d'ailleurs en aucune manière ce que je viens d'établir en principe.

OBSERVATION.

Un homme âgé de cinquante ans, charpentier, d'un médiocre embonpoint, fut apporté à l'hôpital après avoir souffert pendant quatre jours des douleurs très-vives dans le ventre, accompagnées de nausées et de vomissemens.

Le pouls était petit et fréquent, une sueur froide couvrait tout le corps, toutes les évacuations étaient supprimées, le ventre était très-tendu et douloureux au toucher. En explorant

---

(1) Leblanc. Nouvelle méthode d'opérer les Hernies, pag. 74.

l'abdomen, je trouvai sous l'arcade fémorale, du côté gauche, une petite tumeur de la grosseur d'une noix, dure, rouge et douloureuse. Je ne pus obtenir du malade aucuns renseignemens sur l'origine et les causes qui avaient produit cette tumeur, car il était dans un délire presque continuel. Son épouse m'apprit que cette *petite glande engorgée* existait depuis plusieurs années, mais qu'elle n'était devenue rouge et douloureuse que depuis peu de jours ; que son mari éprouvait habituellement une grande difficulté pour aller à la selle, ainsi que des coliques qui revenaient à chaque instant, et qu'actuellement aucun purgatif, non plus que les lavemens, quoiqu'ils fussent gardés quelques heures, ne produisaient d'évacuation alvine. Le concours de ces circonstances et surtout les symptômes manifestes de l'étranglement, me firent croire, ou au moins présumer, qu'il existait, sous la glande inguinale tuméfiée, une hernie fémorale d'un petit volume, qui était étranglée ; je procédai de suite à l'opération et je cherchai, mais inutilement, un sac herniaire, soit dans la tumeur elle-même, soit au-dessous d'elle. Le malade succomba dans la nuit suivante avec tous les symptômes de la gangrène de l'intestin.

A l'ouverture du cadavre je trouvai les intestins grêles et les gros intestins très-enflammés, énormément distendus, et les derniers entièrement remplis de matières fécales. N'apercevant aucune trace de hernie vis-à-vis l'arcade fémorale gauche, j'examinai alors avec attention

le tube intestinal depuis l'estomac jusqu'à l'anus,
pour trouver la cause de la mort. Parvenu à
l'endroit où le colon iliaque gauche plonge dans
l'excavation du bassin, je reconnus que cet intestin, près la base du sacrum, était squirrheux
et presque cartilagineux ; je l'incisai là, suivant
la longueur de l'intestin rectum ; ses parois
étaient épaissies ; la membrane interne surtout,
qui était fongueuse, tuberculeuse et enflammée,
avait tellement rétréci sa cavité, qu'on pouvait à
peine y introduire une sonde de médiocre grosseur.

Telle avait été la cause de cette distension
énorme et mortelle des gros intestins et des intestins grêles, tandis qu'il n'y a que ces derniers
qui soient très-distendus, quand il existe une hernie formée par le déplacement d'une portion de
leur longueur. Le siége assez élevé de ce squirrhe
de l'intestin et la facilité avec laquelle le malade
retenait les lavemens pendant quelques heures,
n'avaient pas peu contribué à induire en erreur
dans le diagnostic qu'on porta sur la nature de
cette maladie.

§. XVI. — *Difficulté et Dangers que présente l'opération de la hernie fémorale chez l'homme, à cause
du voisinage du cordon spermatique. — Réfuta-
tion de l'opinion de* Günz.

L'opération de la hernie fémorale étranglée,
chez l'homme, est une des plus difficiles parmi
les différentes opérations de cette espèce, parce

qu'on est exposé à blesser le cordon spermatique, tandis que la lésion du ligament *rond* de l'utérus, chez la femme, ne peut donner lieu à aucun accident notable. Avant *Arnaud*, les chirurgiens n'ignoraient pas que dans l'opération de la hernie fémorale, chez l'homme, l'incision verticale du ligament de Fallope, faite de bas en haut, pouvait causer une hémorrhagie mortelle; mais ils attribuaient cet accident funeste à la lésion de l'artère épigastrique. *Arnaud* (1) fut le premier, à ma connaissance, qui éleva des doutes sur cette opinion et qui appéla l'attention des chirurgiens sur ce point important de pratique chirurgicale. Il démontra que le cordon spermatique passant sur la face antérieure du sommet du col de la hernie fémorale, trois lignes au-dessus du bord du ligament de Fallope, est bien plus exposé à être blessé que l'artère épigastrique. Il fut conduit à cette intéressante découverte par l'examen du cadavre d'un jeune homme de vingt-deux ans, qui était mort peu de temps après avoir subi l'opération d'une hernie fémorale étranglée. L'hémorrhagie interne avait été causée par la section du cordon spermatique, et non par celle de l'artère épigastrique. *Garengeot* (2) annonça ce fait dans sa *Splanchnologie*, et il fut révoqué en doute par plusieurs célèbres chirurgiens du temps. *Arnaud*, pour toute réponse, leur proposa d'en donner la preuve et la démonstration sur le ca-

---

(1) Mém. de Chirur., tom. I, pag. 758.
(2) Splanchnologie, tom. II, pag. 5, deuxième édition.

davre. C'est ce qu'il fit en effet, et il prouva jusqu'à l'évidence, qu'en incisant le ligament de Fallope chez l'homme, de la même manière qu'on le fait chez la femme dans l'opération de la hernie fémorale, il est impossible de ne pas blesser le cordon spermatique.

D'après céla, je ne conçois pas comment Günz (1), anatomiste et chirurgien d'ailleurs très-habile, ait pu dire que l'artère spermatique est si éloignée de l'endroit où l'on opère le débridement de l'arcade fémorale chez l'homme, qu'il est impossible de la blesser, à moins qu'on ne coupe en travers le ligament de Fallope et qu'on ne prolonge encore l'incision plus avant. Il me semble qu'il est complètement dans l'erreur, et qu'il ne savait pas que le cordon spermatique est logé dans un sillon que forme le repli interne du ligament de Fallope, et qu'ainsi une incision profonde d'un peu plus de trois lignes, pratiquée de haut en bas, suffit pour couper l'artère spermatique : c'est d'ailleurs, au rapport d'*Arnaud* (2), ce qu'ont démontré les expériences faites sur le cadavre par des chirurgiens célèbres, tels que *Verdier*, *Russel*, *Bassuel*, *Boudon*.

---

(1) *Libellus de Herniis*, pag. 78. Sed novi, qui in herniæ cruralis curatione nudentes docebant, etiam a vasorum spermaticorum læsione cavere sibi debere. Quare, ut quam justus hic metus sit, invenirem, in hæc quoque vasa, quantâ potuit diligentiâ inquisivi. Inveni quoque ea tantùm à loco plagæ distare, ut nisi quis hanc per totum ligamentum fallopianum, et ultrà proferret, lædi non possint.

(2) Ouv. cité.

§. XVII. — *Procédés opératoires qui ont été proposés pour éviter la lésion du cordon spermatique.*

Les auteurs qui ont pensé que dans la hernie fémorale on pouvait faire cesser l'étranglement sans couper à la fois le ligament de Fallope et le col du sac herniaire, ont proposé d'inciser l'aponévrose du muscle oblique *externe* de l'abdomen, un peu au-dessus et parallèlement à l'arcade fémorale, et d'introduire ensuite de haut en bas une sonde cannelée entre le ligament de Fallope et le col du sac herniaire, à l'aide de laquelle on conduit le bistouri pour couper verticalement ce ligament sans léser le cordon spermatique. Cette méthode d'opérer, qui exige la dextérité et l'habileté les plus grandes, a quelquefois réussi ; mais l'expérience a démontré depuis, qu'il était souvent très-difficile d'introduire la sonde entre l'arcade fémorale et le col de la hernie, parce qu'ils étaient très-adhérens ensemble, et qu'on courait les risques de blesser les viscères contenus dans le sac herniaire, à cause de la profondeur à laquelle on opérait, et du sang qui afflue ordinairement en assez grande quantité pour empêcher de rien distinguer. En outre, comme il arrive souvent que l'étranglement de l'intestin dépend principalement de la grande étroitesse du collet du sac, relativement au volume des viscères déplacés, il en résulte qu'une simple section verticale du ligament de Fallope ne suffit pas pour faire cesser l'étranglement.

Astley Cooper (1) ayant bien reconnu les inconvéniens de cette méthode, a proposé, lorsqu'on a fait l'incision transversale de l'aponévrose du muscle oblique *externe*, comme on vient de le dire, d'attirer en haut le cordon spermatique, et après avoir introduit une sonde entre les viscères et le collet du sac, de fendre ce dernier verticalement en même temps que le ligament de Fallope en suivant la cannelure de la sonde : de cette manière on ne craint pas de léser le cordon spermatique. Cette modification n'a pas été plus adoptée par les praticiens que le mode opératoire indiqué d'abord.

M. le professeur *Dupuytren* (2) partage, à ce qu'il paraît, l'opinion de *Günz*, puisqu'il pense qu'on ne court aucun risque de blesser le cordon spermatique et l'artère épigastrique, en débridant, dans le cas de hernie fémorale étranglée chez l'homme, au moyen d'une incision oblique de bas en haut, de dedans en dehors, c'est-à-dire suivant le trajet du cordon lui-même. Il n'hésite pas d'ailleurs à ajouter, que quand bien même l'incision du ligament de Fallope serait faite en travers de bas en haut, l'artère spermatique ne serait pas lésée, parce que le cordon fuirait devant l'instrument. Enfin, suivant le même chirurgien, la simple section de l'extrémité supérieure du repli falciforme

---

(1) Ouv. cité, part. II, pag. 17.

(2) Voyez *Breschet*, Concours pour la place de chef des travaux anatomiques.

5*

suffit pour rendre facile la réduction des intestins déplacés.

Je pense bien que l'incision pratiquée obliquement de bas en haut vers le flanc, et rasant le bord du ligament de Fallope, ne peut pas blesser le cordon spermatique. Mais quel est le praticien qui puisse assurer de ne pas dévier de cette direction à une telle profondeur et être certain que l'instrument ne pénétrera pas à plus de trois lignes dans le ligament de Fallope? Est-il d'ailleurs bien démontré que chez tous les sujets le tissu cellulaire qui enveloppe le cordon soit assez lâche pour que ce dernier puisse être poussé par le tranchant du bistouri sans être coupé? Il est vrai que l'artère épigastrique, à la naissance de l'iliaque externe, est, chez la plupart des sujets, distante de neuf lignes environ du centre de l'anneau *crural*; mais comme elle se porte en dedans pour remonter vers le muscle droit abdominal, lorsqu'elle est arrivée à la hauteur de l'anneau, elle n'en est pas éloignée de plus de quatre lignes; de sorte qu'elle pourrait facilement être lésée par une incision un peu plus étendue, pratiquée de bas en haut, de dedans en dehors et rasant le bord du ligament de Fallope.

M. *Breschet* (1) a trouvé sur le cadavre d'un homme qui avait une hernie fémorale peu volumineuse, « l'artère sus-pubienne (ou épigastrique), qui, née immédiatement au-dessous

---

(1) Obs. XXIV, pag. 143.

» de l'arcade, et dirigée verticalement, se por-
» tait ensuite obliquement en haut, accolée au
» côté externe du collet du sac, passait sous l'ar-
» cade crurale, et bientôt après derrière l'artère
» testiculaire. » Dans une autre observation,
(p. 155), il dit : « Quant à l'artère sus-pubienne,
» dirigée en haut et en dedans, elle correspon-
» dait aux côtés externe et antérieur du col du sac
» et en était éloignée de quatre à cinq lignes seu-
» lement : le cordon testiculaire, croisé par cette
» artère, parcourait dans le canal inguinal son
» trajet ordinaire. L'artère testiculaire aurait été
» lésée en même temps que la sus-pubienne, si le
» débridement, commencé dans la direction de la
» ligne blanche, avait été prolongé de quelques
» lignes. Tous ces vaisseaux, presque parallèle-
» ment situés à la moitié externe et antérieure du
» col du sac et de l'anneau crural, se trouvaient
» à peu près à une égale distance du bord pos-
» térieur ou pelvien du ligament de Fallope. »
Quand il existe une hernie, l'artère épigastrique
doit être effectivement plus rapprochée du côté
externe de l'anneau *crural*, que lorsque cette ouverture n'a subi aucun changement, parce que
sa dilatation a plutôt lieu du côté des vaisseaux
fémoraux que du côté qui correspond à la base
du ligament de Gimbernat.

Le même auteur, en rapportant l'histoire
d'une opération de hernie fémorale pratiquée
sur un homme par le professeur distingué que
j'ai nommé plus haut, s'exprime ainsi : « Dans
» le cas en question un pareil débridement ex-

» posait infailliblement le malade au danger de
» l'hémorrhagie par la lésion de l'artère testicu-
» laire, et l'incision faite en dehors eût pu blesser
» l'artère sus-pubienne (épigastrique). C'est donc
» en bas et en dedans, suivant la direction de
» l'arcade crurale, que le débridement fut pra-
» tiqué, comme offrant dans cette direction
» moins d'inconvéniens que dans toute autre. »
En parlant d'un autre malade opéré par le même
praticien, il dit : « L'artère testiculaire se trouvait
» en avant et la crurale en arrière. Que d'écueils
» à éviter ! Ils le furent tous par un débride-
» ment oblique en dedans et très-légèrement en
» haut, pratiqué à deux reprises différentes. »

Quoique ces divers exemples prouvent qu'une
main exercée peut éviter de blesser l'artère spermatique, ainsi que l'artère épigastrique, en dirigeant l'incision en dehors, il est néanmoins plus
préférable et plus prudent d'agir dans le sens
contraire, je veux dire, de pratiquer l'incision
du côté du pubis et obliquement de haut en bas.
Quant à la simple incision de l'extrémité supérieure du repli *falciforme*, qui suffit toujours,
suivant le même chirurgien, pour rendre la
réduction facile à obtenir, je viens de faire voir
qu'il existait des exceptions à cet égard, et que
l'observation clinique fournissait des preuves à
l'appui de mon opinion.

§. XVIII. *But principal de l'opération de la Hernie.* —*Dilatatoire de* Leblanc. —*Crochet d'*Arnaud.

Il est bien démontré que le but principal de l'opération de la hernie (à l'exception des cas où elle est volumineuse et irréductible), consiste dans l'élargissement du col du sac herniaire , sans lequel il est impossible d'obtenir avec facilité et sans accidens la réduction des viscères déplacés. On ne peut opérer cet élargissement que de deux manières , soit par une distension graduée , soit par l'incision. Il est incontestable que le premier moyen serait préférable, puisqu'on ne craint pas de léser ainsi le cordon spermatique , non plus que quelques branches artérielles , qui , rarement à la vérité, remplacent l'artère obturatrice. Mais l'expérience à prouvé que la distension graduée du collet du sac expose le malade à plus de danger que l'incision , et qu'elle est d'une exécution plus difficile pour le chirurgien. Si ce procédé eût présenté des avantages réels, on n'eût pas généralement abandonné l'emploi des *dilatatoires de Thévenin*(1), de *Leblanc,* et du *crochet d'Arnaud. Leblanc* (2) luimême n'a pas craint de dire que l'on devait assez fréquemment préférer l'incision à la dilatation , soit dans la hernie inguinale , soit dans

---

(1) Œuvres de Thévenin , 1669.
(2) Nouvelle méthode d'opérer les hernies ; pag. 148.

la hernie fémorale, et principalement lorsque l'intestin est adhérent au collet du sac, quand l'étranglement est situé assez haut dans la cavité du ventre, quand l'endurcissement du col, qui est encore augmenté par les bandes aponévro-tiques et ligamenteuses qui l'entourent, est tel, qu'il ne peut être dilaté suffisamment pour faciliter la réduction complète de la hernie ; enfin, lorsque les viscères eux-mêmes sont retenus dans le col du sac par quelques brides épiploï-ques ou de fausses membranes formées à l'entrée du sac.

Le jeune chirurgien qui n'a pas encore eu l'occasion de pratiquer l'opération de la hernie fémorale, n'a pu se former par conséquent une idée exacte de la profondeur à laquelle se trouve le col du sac, de sa situation oblique, et particulièrement de son étroitesse, surtout quand la hernie est d'un petit volume. La petitesse de l'ouverture, et conséquemment du collet du sac, est telle assez souvent, qu'il est difficile d'y introduire une sonde cannelée d'une grosseur médiocre.

Il arrive très-fréquemment que lorsqu'on ouvre le cadavre d'un individu mort à la suite d'un étranglement de hernie fémorale, les viscères contenus dans le sac herniaire sont si fortement resserrés par l'anneau *crural* et le col du sac, qu'il faut user de violence pour les retirer. Dans ce cas assez commun, si l'on introduit l'instrument de *Leblanc*, on court les risques, en en écartant les branches, de léser l'intestin. En outre, on ne peut manquer de comprimer fortement la veine fémorale qui forme le côté externe de l'anneau et du canal *crural*. On ne peut pas objecter que les viscères n'éprouvent aucune pression par les branches de l'instrument, quoiqu'elles soient concaves intérieurement, puisqu'elles sont nécessairement rapprochées l'une de l'autre par la résistance que leur oppose le contour de l'anneau, lorsque le chirurgien tend à les écarter. Cette pression de l'intestin par l'instrument peut avoir des résultats bien fâcheux, surtout quand il est enflammé et distendu par des gaz, des matières fécales et une exhalation de lymphe concrescible dans son intérieur.

L'analogie qui existe, suivant *Leblanc*, entre cette dilatation et celle du col de la vessie dans l'extraction de la pierre, me semble manquer d'exactitude; car, dans la dilatation du col de la vessie, il n'y a pas de viscère dans le voisinage; tandis qu'ici le col du sac herniaire contient toujours une anse d'intestin, ou une portion d'épiploon, qui y sont ordinairement resserrées et étranglées. C'est à tort aussi qu'il a cru qu'on pouvait, à l'aide de son instrument, dilater aussi facilement l'anneau crural que l'anneau inguinal, qui n'est formé que par deux bandelettes aponévrotiques, facilement extensibles; tandis que l'anneau et le canal *crural* sont formés de ligamens et d'aponèvroses qui s'insèrent d'une part à la crête du pubis, de l'autre au ligament de Fallope, et qui, même, se continuent avec le *fascia-lata*. On conçoit facilement que ces différentes parties opposent à une distension mécanique une résistance bien plus grande que celle que peuvent offrir les piliers de l'anneau inguinal.

Dans un cas de hernie fémorale chez l'homme, où j'employai le *dilatatoire* de *Leblanc*, les branches de l'instrument plièrent au lieu d'élargir l'anneau, à la suite de tentatives réitérées. Cet auteur est encore tout à fait dans l'erreur, lorsqu'il pense que le faisceau externe du ligament de Fallope est le principal obstacle à la réduction de la hernie fémorale étranglée, puisqu'il est reconnu maintenant que ce qui s'y oppose le plus, c'est la résistance que présentent le col du sac herniaire et surtout la partie de l'anneau *crural* qui est formée par la base concave du ligament de Gimbernat : en outre, l'union de l'extrémité supérieure du repli *falciforme* avec l'angle antérieur et supérieur de ce ligament, y contribue également un peu. Si, dans quelques cas, *Leblanc* a réussi, comme on l'a dit, à réduire des hernies en soulevant seulement le bord externe de l'arcade fémorale, on eût alors aussi vraisemblablement réussi en ouvrant le sac herniaire et en abaissant le fond et le corps de la hernie, de manière à effacer l'angle aigu qu'ils formaient avec le col.

§. XIX. *Avantages de l'incision sur la dilatation.*

Les moyens employés pour opérer la dilatation sont, comme on le voit, non-seulement insuffisans , mais ils peuvent encore occasioner des accidens. L'incision du col du sac , au contraire , sans présenter ces inconvéniens , remplit plus avantageusement le but qu'on se propose : on coupe en même temps le bord concave et tranchant de la base du ligament de Gimbernat, en rasant avec l'instrument le bord du ligament de Fallope , près de son insertion au pubis. Cette seule section suffit pour faire cesser à l'instant même l'étranglement, et la réduction devient facile et prompte.

L'expérience a démontré que, quelles que soient l'étroitesse et la longueur du col du sac herniaire, on peut toujours introduire aisément une sonde cannelée déliée sans léser les viscères, et inciser ensuite la base du ligament de Gimbernat dans l'étendue de deux ou trois lignes , suivant le trajet de son axe longitudinal , et parallèlement au faisceau extérieur du ligament de Fallope. Au moyen de cette incision , l'anneau *crural* se trouve relâché , et la pression exercée sur le col du sac par l'extrémité supérieure du repli *falciforme* cesse en même temps. On n'a pas lieu de craindre ainsi , chez l'homme, la lésion du cordon spermatique. Enfin , en suivant ce procédé pour détruire l'étranglement, le ligament de Fallope reste intact , et il en résulte qu'on ne laisse pas le malade exposé au danger d'une récidive prochaine.

§. XX. *De l'Opération de la Hernie fémorale étranglée.*

D'après ces principes, on doit pratiquer l'opération de la hernie fémorale étranglée, de la manière suivante:

Après avoir fait uriner le malade, on le place sur le bord de son lit, le bassin un peu plus élevé que la poitrine, la tête soutenue et légèrement fléchie. On incise les tégumens un peu au-dessus du ligament de Fallope, de dehors en dedans, parallèlement au pli de la cuisse et suivant le plus grand diamètre de la tumeur. Quelques praticiens font une incision cruciale, d'autres une incision en T. Je n'ai jamais trouvé nécessaire de faire ainsi une seconde incision perpendiculaire à la première, surtout quand celle-ci dépasse d'un pouce au moins le grand diamètre de la tumeur. On incise ensuite, suivant la même direction et dans la même étendue, le fascia *superficialis*, et si l'on rencontre quelques ganglions lymphatiques, on les repousse de côté, ou bien on les coupe (1).

On trouve immédiatement au-dessous l'enveloppe externe et celluleuse de la hernie, qui est plus ou moins dense, composée de plusieurs couches, offrant çà et là des intersections fila-

____

(1) Voy. Méd. Chirurg. Transact., vol. IV. *Chevalier* rapporte qu'en opérant une hernie crurale étranglée, il trouva un paquet de glandes inguinales si considérable, qu'il fut obligé d'inciser au milieu d'elles, à plus d'un pouce de profondeur.

menteuses plus résistantes, quelquefois parsemée de petits kystes séreux ou de vésicules adipeuses. Cette enveloppe, dont l'aspect varie, est très-distincte du véritable sac herniaire, et si on la coupe à plat et peu à peu en la soulevant avec des pinces, on met bientôt ainsi à découvert l'enveloppe péritonéale. On pince cette dernière de la même manière, afin de pénétrer dans sa cavité en l'incisant avec la même précaution. La sérosité qui s'écoule alors, et qui est ordinairement en petite quantité, indique qu'on y a pénétré : on en fait la section facilement avec des ciseaux, suivant la direction de celle de la peau.

L'opérateur portant ensuite le bout du doigt le plus haut possible, explore avec attention le col du sac herniaire, afin de connaître le point où l'on peut introduire facilement une sonde cannelée très-déliée : quand elle est introduite, il la porte au côté interne du col du sac en dirigeant sa cannelure de haut en bas vers le pubis, et il fait glisser le long de cette cannelure un bistouri *droit*, *très-convexe sur le tranchant*. De cette manière, il incise à la fois le col du sac et la base du ligament de Gimbernat obliquement de haut en bas, vers le pubis, dans l'étendue de deux ou trois lignes et suivant l'axe longitudinal de ce ligament, en évitant le faisceau externe du ligament de Fallope.

Le bistouri *droit* à *tranchant* très-*convexe*, dont je me sers toujours dans l'opération de la hernie, de quelque genre qu'elle soit, me semble préférable au bistouri concave à lame étroite, qui intéresse plus de parties et qu'on fait couper en le retirant. L'autre, au contraire, qu'on enfonce peu à peu, indique, pour ainsi dire, à l'opérateur, l'étendue de l'incision, qu'il peut ainsi limiter à volonté. Au moyen d'une section de deux ou trois lignes faite au bord concave du ligament de Gimbernat et suivant le trajet de son axe longitudinal, c'est-à-dire, parallèlement au ligament de Fallope près son insertion au pubis, on relâche l'anneau *crural*, et la pression exercée sur le col du sac herniaire par l'extrémité supérieure du repli *falciforme* cesse en même temps. La réduction des viscères est alors facile, surtout si l'on fait fléchir la cuisse du même côté sur le bassin, en inclinant le genou en dedans.

§. XXI. *Avantages de l'incision du col du sac herniaire, pratiquée obliquement de haut en bas vers le pubis, sur celle faite verticalement.*

Quand je proposai, en 1809, d'après mes observations et l'expérience que j'en avais faite, d'inciser chez l'homme le col du sac de la hernie fémorale de haut en bas et obliquement vers le pubis, afin d'éviter la lésion du cordon spermatique, je n'avais pas eu connaissance de la dissertation de *Gimbernat*, publiée sur ce sujet. Depuis cette époque, la lecture de ce travail, les observations pratiques si importantes, publiées par *Hey* (1) , les préceptes raisonnés de *Law-rence* (2) , mon expérience enfin , m'ont donné la certitude que cette méthode est la plus sûre et celle qu'on doit préférer dans l'opération de la hernie fémorale étranglée.

J'ai vu avec satisfaction que *Hey* avait fait la même remarque que moi , quand il dit : « qu'il avait été plusieurs fois surpris de » voir (3) qu'une si petite incision, pratiquée » sur le ligament interne , suffisait pour ren- » dre prompte et facile la réduction des vis- » cères auparavant étranglés. » Il rapporte qu'en opérant une femme d'une hernie fémorale étranglée , suivant l'ancienne méthode , c'est-à-dire au moyen de l'incision verticale du faisceau externe du ligament de Fallope , il sortit une nou-velle anse intestinale plus grande que celle qui était déjà au-dehors, et il ne put réduire l'une et l'autre qu'après avoir incisé le bord concave du ligament *interne* ou de Gimbernat. *Pearson* (4) a eu, depuis, l'occasion de faire la même remarque. *Astley Cooper* dit (5) qu'il a assisté à une opé-ration de hernie fémorale d'un petit volume , dont l'étranglement n'était nullement causé par le ligament de Fallope : car on le soulevait et on l'abaissait sans qu'il en résultât aucun change-ment dans la pression exercée sur les viscères

---

(1) Pratical Observ.
(2) On Ruptures , etc.
(3) Ouv. cité, pag. 156-157.
(4) Astley Cooper. Ouv. cité, part. II , pag. 17.
(5) *Idem* , part. II , pag. 24.

déplacés, ce qui démontrait évidemment qu'il ne participait aucunement à la production des accidens, qui étaient dus, au contraire, à la constriction de l'anneau *crural*. L'opération, d'ailleurs, mit ce fait hors de doute, puisque la réduction fut obtenue immédiatement après qu'on eut incisé légèrement le ligament de Gimbernat. *Ducros*, habile chirurgien a observé un cas analogue, à l'hôpital de Marseille (1). « L'intestin, quoiqu'en très
» bon état, ne put être réduit après le débridement
» de l'anneau *crural* et du col du sac fait dans
» la direction de la ligne blanche : pour y par-
» venir, l'opérateur fut obligé de couper le
» ligament de Gimbernat, et une incision de deux
» lignes, pratiquée dans le dernier endroit, fut
» suffisante pour permettre la réduction. »

§. XXII. *Remarques sur la lésion de l'Artère obturatrice, en pratiquant l'opération suivant la méthode indiquée.*

La seule objection raisonnable qu'on puisse faire à cette nouvelle méthode d'opérer la hernie fémorale étranglée, dans les deux sexes, c'est qu'il arrive quelquefois que l'artère obturatrice naisse de l'épigastrique, et alors, dans certains cas rares, elle entoure le col du sac herniaire avant de sortir par le trou ovale (2). Quand cela a lieu et qu'elle adhère au col du sac, il est bien

---

(1) *Breschet*, ouv. cité, Obs. XXVIII, pag. 153.
(2) Planche XIV, t, t.

certain qu'on est exposé à la couper. Mais je dois faire observer que cet accident peut avoir également lieu, soit qu'on opère suivant la nouvelle ou l'ancienne méthode. D'ailleurs, il est heureusement assez rare de voir l'artère obturatrice affecter cette disposition. En outre, on a observé que chez des sujets où elle naissait de l'artère épigastrique, elle descendait, aussitôt après son origine, au côté interne de la veine fémorale, par conséquent, au côté externe de l'anneau *crural*; et dans ce cas, elle n'était nullement exposée à être lésée, soit qu'on pratiquât l'incision verticalement de bas en haut, ou obliquement de haut en bas vers le pubis.

Astley Cooper (1) dit positivement : « qu'il a
» observé sur beaucoup de cadavres d'individus
» affectés de hernie fémorale, chez lesquels l'ar-
» tère obturatrice naissait de l'épigastrique ,
» qu'elle descendait ensuite dans le bassin, en
» passant au côté externe du collet du sac her-
» niaire, et qu'ainsi elle eût été à l'abri de toute
» lésion dans l'opération. » *Monro* pense (2) que sur vingt sujets, il s'en trouve un où l'artère obturatrice a l'origine indiquée, et qu'elle descend au côté externe de l'anneau *crural*. *Cloquet* (3) a remarqué, d'après des recherches multipliées à ce sujet, que chez l'homme l'artère naissait plus souvent de l'hypogastrique que chez la femme, et que sur cent cinquante-deux individus où elle

---

(1) Ouv. cité, part. II, pag. 21.
(2) Morbid. Anatomy, pag. 429.
(3) Rech. anat. sur les Hernies, pag. 73.

tirait son origine de l'épigastrique, il y avait cinquante-huit hommes et quatre-vingt-quatorze
femmes. *Hesselbach* (1) a remarqué aussi que l'artère obturatrice naissait de l'hypogastrique bien
plus souvent chez l'homme que chez la femme.

S'il n'arrivait pas très-rarement que l'artère
obturatrice, née de l'épigastrique, fût placée au
côté interne de l'anneau *crural*, comme on a
plus souvent l'occasion de pratiquer sur la femme
l'opération de la hernie fémorale étranglée, l'hémorrhagie devrait survenir fréquemment. Or,
l'expérience journalière démontre le contraire,
et le cas rapporté par *Mursina* prouve bien que
cet accident peut avoir lieu, mais en même temps
qu'il est très-rare. En effet, qu'on réduise, même
à la moitié, le nombre comparatif donné par
Monro, je veux dire, qu'on admette que l'artère
obturatrice naisse de l'épigastrique, non pas une
fois sur vingt, mais une fois sur dix, je ne crois
pas m'éloigner de la vérité en avançant que sur
dix individus qui présenteront cette disposition,
on en trouvera à peine un chez lequel elle des-
cendra ensuite au côté interne de l'anneau *crural*.
Ainsi donc, sur cent malades, un seul courra
les risques d'une hémorrhagie, en pratiquant
l'opération suivant la méthode dont nous parlons.
On voit, cependant, d'après ce calcul, que la

---

(1) *De Ortu et Progressu Herniarum*, p. 5o. Verum utriusque arteriæ
(epigastricæ nempè et obturatoriæ) a cursu consueto deviationes in
sequiore solùmmodò sexu, quantum ecquidem sciam, cum sint
obviæ, haud erit profectò cur earumdem læsionem in masculis ex
hernia crurali laborantibus timeamus.

lésion de l'artère obturatrice n'est pas inévitable ,
quoiqu'il soit possible encore qu'elle ne fût pas
blessée si elle descendait à quelque distance du
côté interne de l'anneau *crural* , et qu'on incisât
le ligament de Gimbernat dans l'étendue seulement de deux ou trois lignes.

C'est ce qui fût arrivé dans le cas cité par
Mursina, chirurgien, dont l'habileté et le savoir
ne peuvent être contestés. L'incision de ce ligament fut assez étendue, puisqu'aussitôt après
« les viscères rentrèrent avec facilité dans le
» ventre. (1)» Néanmoins, l'artère ne fut pas précisément coupée, ses parois furent seulement un
peu entamées par l'instrument (2) ; de sorte que
si la section eût eu un tant soit peu moins d'é-
tendue, la réduction des viscères eût été également facile , et le malade n'eût pas succombé,
huit jours après l'opération, à une hémorrhagie
interne. Il est à remarquer qu'on trouva chez ce
sujet l'artère obturatrice du côté opposé distante de *quelques lignes* (3) du bord interne de
l'anneau *crural*.

Lorsque l'artère obturatrice présente la dis-

---

(1) Leberecht. *Dissert. de extensionis in solvendis herniis cruralibus incarceratis, præ incisione præstantia.* Berlin, 1816. Sat aderat spatii, ut et omentum, et intestinum facile in abdomen reduci posset. pag. 32.

(2) Arteria obturatoria incisione patula erat læsa ; tam verò leniter, ut sanguine ideò non nisi guttulis singulis distillante, intra dierum octo spatium tantùmmodo parva illa unciarum sex, unciæque, inter instestina diffusæ, unius quantitas confluere posset. pag. 34.

(3) Tremens illa communis in arteriam epigastricam, et obturato-riam arteriam dispescebatur, quæ arcu majore ostio illi superjecta in toto itinere *lineas nonnullas* ab illo distabat.

position dont il est question, elle n'est pas immédiatement appliquée, en descendant dans le
bassin, sur la face interne du ligament de Gimbernat, mais sur le *fascia transversalis*, ou le
prolongement de l'aponévrose *iliaque* qui la recouvre. Elle est d'ailleurs éloignée de cette face,
puisque le ligament s'éloigne lui-même d'autant
plus du niveau de la branche horizontale du pubis, qu'il se rapproche davantage de l'angle de
cet os, et par conséquent l'artère obturatrice
doit en être distante en descendant le long de
la face interne du même os. Il résulte donc de
cette disposition, qu'en incisant longitudinalement de deux ou trois lignes le ligament triangulaire, sans trop enfoncer le bistouri, on peut
opérer le débridement de l'anneau sans craindre
de léser l'artère obturatrice, lors même qu'elle
suit le trajet qu'on a désigné plus haut.

Ce fait a été démontré par l'examen du cadavre
d'un individu opéré suivant cette méthode, et
qui mourut neuf jours après l'opération, lorsque
tout annonçait une terminaison heureuse. Le
sujet de cette observation est celui qui fut opéré
par *Ducros*, chirurgien de Marseille, et dont on
a parlé précédemment.

  « Les vaisseaux qu'on avait eu la précaution
» d'injecter, offraient les rapports suivans : l'ou-
» verture qui correspondait au col du sac avait
» environ six à huit lignes de diamètre ; elle
» était bornée en dedans par le bord libre (la base
» concave) du ligament de Gimbernat, sous lequel
» on voyait encore la trace du débridement. La

» veine iliaque externe formant en dehors ses
» limites, était croisée en avant par l'artère sous-
» pubienne (l'artère obturatrice); ce dernier
» vaisseau naissait de l'artère sus-pubienne (épi-
» gastrique), à la distance de deux pouces de
» l'endroit où celle-ci prend ordinairement ori-
» gine de l'artère iliaque externe, en se recour-
» bant de la paroi postérieure de l'abdomen sur
» la branche horizontale du pubis, pour se
» rendre au trou sous-pubien. L'artère sous-
» pubienne (ou obturatrice) était séparée de
» l'os, au niveau de l'ouverture crurale, par un
» intervalle de deux pouces et demi que traver-
» sait la veine iliaque, le paquet des vaisseaux
» lymphatiques du membre inférieur, et le col
» du sac herniaire. Dans ce trajet, elle (l'artère
» obturatrice) était située à la partie externe
» et antérieure de ce dernier ; elle se serait
» trouvée contiguë au ligament de Gimbernat, si
» à son insertion au pubis ce ligament n'eût
» formé avec l'os un angle rentrant, dans lequel
» l'artère sous-pubienne ne s'engageait pas ; mais
» ce vaisseau plongeait directement dans le petit
» bassin, en abandonnant la paroi abdominale.
» Sans cette disposition, l'artère obturatrice
» aurait été inévitablement lésée par le bistouri
» de l'opérateur, car elle aurait été exactement
» contiguë à la face pelvienne du ligament de
» Gimbernat. »

La distance qui sépare l'artère obturatrice de
la face interne du ligament de Gimbernat est

une nouvelle preuve de l'avantage du bistouri
à tranchant convexe, qu'on enfonce de dehors
en dedans, de manière à pouvoir apprécier la
profondeur à laquelle il pénètre, afin de ne
pas le porter au-delà du ligament, quand on
l'incise suivant son axe longitudinal. On est
alors d'autant moins exposé à blesser cette artère, qu'on dirige la section plus obliquement
en bas vers le pubis.

Hey a rapporté, de même que *Mursina*, un exemple d'hémorrhagie survenue à la suite de l'opération de la hernie fémorale étranglée, et qu'il attribue à la lésion de l'artère épigastrique. « J'opérais,
» dit-il (1), une hernie fémorale sur une vieille
» femme, et en cherchant à pénétrer dans l'an-
» neau avec le bout de mon doigt, je pratiquai
» une incision verticale, de haut en bas, un peu
» plus étendue qu'il ne fallait (d'un demi pouce),
» et aussitôt le sang jaillit, mais sans qu'il fût
» possible de reconnaître le point d'où il sortait.
» Je me contentai de tamponner la plaie avec de
» l'éponge sèche, dont je formai ainsi une petite
» pelote saillante sur laquelle on pût, à l'occa-
» sion, exercer une compression. L'hémorrhagie
» fut promptement arrêtée : un aide surveilla la
» malade pendant vingt-quatre heures. Quel-
» ques jours après j'enlevai les premiers mor-
» ceaux d'éponge, que je remplaçai par de la
» charpie. Le quatorzième jour je pus ôter

____

(1) Pratical Observ., pag. 159.

» l'éponge qui remplissait le fond de la plaie,
» et au bout de cinq semaines la cicatrisation
» était complète. »

Je crois qu'on peut conclure de ce fait, que ce fut l'artère obturatrice, et non l'épigastrique, qui fut ouverte dans l'opération : d'abord, parce qu'il n'est pas vraisemblable qu'une incision verticale, un peu inclinée vers la *ligne blanche*, et profonde de six lignes, ait pu intéresser l'artère épigastrique ; en second lieu, une simple compression n'eût pas suffi pour arrêter l'hémorrhagie, puisque ce moyen a toujours été sans succès lorsqu'on l'a employé dans ce cas. L'artère obturatrice, au contraire, quand elle entoure le col du sac herniaire, ce qui est rare, est beaucoup plus rapprochée de l'anneau *crural* que l'épigastrique ; et comme elle se trouve, d'ailleurs, plus voisine de la partie supérieure de l'anneau, elle est bien plus exposée à être lésée par l'instrument. L'observation rapportée par *Hey* est intéressante, en ce qu'elle montre la possibilité d'arrêter l'hémorrhagie produite par la blessure de l'artère obturatrice née de l'épigastrique et ne suivant pas son trajet habituel, à l'aide d'une simple compression exercée convenablement sur le fond de la plaie.

§. XXIII. *Examen des objections faites au procédé opératoire indiqué par* Astley Cooper.

On a fait les objections suivantes à la nouvelle méthode d'opérer la hernie fémorale étranglée, telle que l'a proposée *Astley Cooper* (1) :

1°. L'opération est plus difficile, à cause de la profondeur à laquelle le ligament de Gimbernat est situé.

2°. Lorsqu'on incise le col du sac herniaire latéralement et inférieurement du côté du pubis, on est doublement exposé à léser l'intestin, à cause de la traction qu'on exerce sur lui pour le porter en dehors afin d'introduire la sonde du côté du pubis, parce qu'on ne la fait pas toujours pénétrer de ce côté sans froisser un peu l'intestin, soit au-dessous, soit au-dessus de l'étranglement.

3°. Quand la hernie est volumineuse, le ligament de Gimbernat est tellement repoussé vers l'angle du pubis, qu'il n'offre plus assez d'étendue pour que sa section puisse occasioner l'élargissement nécessaire à la réduction facile des viscères.

4°. Dans les cas où l'artère obturatrice entoure le col de la hernie, on est bien plus exposé à la blesser en pratiquant une incision oblique de haut en bas du côté du pubis, qu'en suivant l'ancienne méthode ; c'est-à-dire en incisant verticalement de bas en haut, vers la ligne blanche.

Je ferai d'abord observer, relativement à la première objection, que le ligament de Gimbernat n'est pas situé verticalement, mais obliquement de dehors en dedans et presque hori-

---

(1) Ouv. cité, part. II, pag. 22.

zontalement entre le faisceau externe du ligament de Fallope et la *crête* du pubis. Or, s'il fallait, pour détruire l'étranglement, quand il existe, inciser son côté interne et inférieur, on serait certainement obligé de pénétrer très-profondément dans la cavité du ventre; mais il n'en est pas ainsi, puisque c'est, au contraire, sur sa partie externe et antérieure qu'on pratique l'incision; (Pl. XII, fig. I, 1; Pl. XIII, c.) c'est-à-dire suivant le trajet de l'axe longitudinal du ligament. (Pl. XIII, b, b.) Il est donc évident qu'on a exagéré la profondeur à laquelle il est situé.

Il me semble que la seconde objection ne peut être adressée qu'aux chirurgiens qui n'ont pas une idée exacte de la structure de l'arcade fémorale, et qui agissent, en outre, avec assez peu de précautions, pour qu'il leur soit impossible d'exercer une traction légère sur une anse intestinale sans l'altérer. Quant à l'introduction de la sonde, il n'est pas absolument nécessaire qu'elle soit faite toujours exactement du côté du pubis.

On cherche d'abord le point par lequel elle peut pénétrer le plus facilement sans léser les viscères; et si c'est au côté externe du col du sac, on la fait ensuite glisser doucement à son côté interne, en ayant soin de maintenir sa cannelure dirigée obliquement en bas du côté du pubis. Ceci est très-facile à exécuter, quand il n'existe aucune adhérence entre le col du sac et l'intestin ou l'épiploon, et l'on ne court aucun risque de les blesser, soit au-dessus, soit au-dessous de l'étranglement; mais si l'intestin était très-adhérent à toute la circonférence du col du sac, quel que soit le mode opératoire employé, on ne pourrait pas introduire la sonde sans léser les viscères contenus dans le sac herniaire; cette difficulté ne doit donc point être présentée seulement quand il s'agit du procédé nouveau.

L'auteur de la troisième objection suppose préalablement que la base concave du ligament de Gimbernat peut céder facilement : cette assertion est démentie par l'inspection anatomique et l'expérience chirurgicale. Le plus ordinairement, la hernie fémorale est peu volumineuse, et la longueur du ligament de Gimbernat n'est jamais moindre de huit lignes; souvent même elle est plus étendue. Sa base concave offre une résistance si considérable à l'ampliation du col du sac herniaire, que, lors même que la hernie est volumineuse, le col est toujours très-rétréci comparativement au développement de la tumeur. S'il s'élargit quelquefois, c'est toujours du côté externe de l'anneau, en repoussant en dehors la veine fémorale, de sorte que, quel que soit le volume de la hernie, le ligament de Gimbernat conserve toujours une étendue telle, qu'on puisse pratiquer sur lui une incision de deux ou trois lignes de profondeur pour opérer la réduction.

Récemment encore, en disséquant une hernie fémorale dont l'orifice du sac avait plus de huit lignes de diamètre, je remarquai que le ligament de Gimbernat présentait, à peu de chose près, la même étendue que dans le cas où il n'y a pas de hernie. Il était facile de voir que l'élargissement du col avait eu lieu seulement du côté des vaisseaux fémoraux, ce côté offrant bien moins de résistance. Je reconnus aussi manifestement cette différence en introduisant mon doigt dans l'orifice du sac.

Quant à la quatrième objection, je ne sache pas qu'il existe un fait positif qui démontre que, lorsque l'artère obturatrice entoure le col du sac, on est plus exposé à la blesser par une incision *latérale*, oblique de bas en haut, que par une incision *verticale*. On n'a certainement pas déduit cette assertion de l'examen des préparations pathologiques de *Barclay* et de *Leberecht ;* car, au contraire, elles la démentent complètement. D'ailleurs, lorsque l'artère obturatrice suit ce trajet, ce qui est rare, elle est d'autant plus éloignée de la face interne du ligament de Gimbernat, que ce dernier se rapproche davantage de l'angle du pubis.

Il résulte de cette disposition que la section du vaisseau est plus à craindre quand on incise verticalement l'anneau *crural,* que lorsqu'on le coupe de haut en bas et un peu obliquement vers l'angle du pubis, de manière que l'incision tombe sur la portion du *fascia-lata* qui se réunit à l'axe longitudinal du ligament de Gimbernat (1).

---

(1) Planche XIII, b ; b, b.

et ensuite sur l'origine du muscle pectiné. Ainsi, l'instrument s'éloigne d'autant plus de l'artère obturatrice, laquelle continue de se diriger vers le trou *ovale*, qu'il se rapproche davantage du pubis.

ADDITIONS AU MÉMOIRE

SUR LES HERNIES AVEC GANGRÈNE

Et les moyens que la nature emploie pour rétablir la continuité du canal intestinal.

§. Ier. bis (1). *Causes de la gangrène dans les hernies.*

Ce dangereux accident est plus commun dans la hernie fémorale que dans l'inguinale ; ce qui tient à diverses causes dont je parlerai plus tard , et sans doute aussi à l'habitude, malheureusement trop générale , de comprimer de bas en haut les viscères déplacés., dans la première comme dans la seconde de ces hernies. Cette compression devrait être dirigée en sens contraire dans la hernie crurale, à cause de l'angle que les viscères forment avec l'arcade fémorale. (Voyez le Mémoire précédent, §. XI.)

La *gangrène* n'est pas le seul accident fâcheux produit par l'étranglement dans les hernies; il arrive aussi que l'*ulcération* détruit une portion de l'intestin quand il est fortement resserré, de même qu'on l'observe sur les parties auxquelles

---

(1) Le commencement de ce §. fait partie de la note qui existe dans la première édition. L'addition consiste dans l'article relatif a l'*ulcération* de l'intestin ; le reste est supprimé.

on applique une ligature. Dans ce cas, lorsque
l'étranglement existe depuis quelques jours, les
tentatives répétées de réduction peuvent déterminer facilement la rupture de l'intestin dans le
point ulcéré.

§. IV bis (1). *Nécessité du débridement dans le cas de
Hernie étranglée et gangrénée, et Manière de
l'opérer.*

Il n'est pas toujours nécessaire de débrider
l'anneau quand il y a étranglement, lorsque la
hernie est gangrénée. Si la gangrène n'existe que
dans une certaine étendue, ou dans quelque
point de l'intestin qui ne présente d'ailleurs
aucune altération au voisinage de l'anneau inguinal ou crural, on doit aussitôt opérer le débridement et repousser les viscères au-delà de
l'anneau ; l'escarre, en se détachant, sortira par
la plaie avec les matières fécales. Mais si l'anse
intestinale est gangrénée entièrement jusqu'à
l'anneau et presque sphacelée, il faut la fendre.
Si la libre issue qu'on donne alors aux matières
fécales est suivie d'une diminution notable de la
tension du ventre et d'un grand soulagement
pour le malade, il est inutile de pratiquer une
incision pour détruire un étranglement qui
n'existe plus.

Quand, au contraire, les matières ne sortent

____

(1) Ce §. est donné, dans la nouvelle édition, comme une simple
note jointe à l'observation qui forme le quatrième chapitre. (*Note du
traducteur.*)

pas, ou qu'elles cessent de s'écouler quelques heures après qu'on a fait l'incision, si le malade éprouve de nouveau des symptômes d'étranglement avec tension douloureuse du ventre, on introduit le bout du petit-doigt dans l'intestin ouvert, et l'on s'en sert pour diriger l'extrémité d'une sonde cannelée entre cet intestin et le col du sac, là où il existe le moins d'adhérences, et l'on pratique avec un bistouri droit boutonné une incision de deux lignes au moins sur le point qui s'opposait au libre écoulement des matières par la plaie. Je regarde comme très-rare le cas rapporté par *Arnaud* (*Dissert. on Hernias*), où il fut obligé d'inciser les parois de l'intestin en même temps que l'anneau (1).

(1.) Je crois devoir rapporter ici l'observation suivante, qui est analogue à celle d'*Arnaud* sous certains rapports.

Beziau, âgé de 34 ans, d'une constitution robuste, demeurant à Sainte-Gemme-sur-Loire, près Angers, fut frappé violemment, par un éclat d'obus, à la partie supérieure et antérieure de la cuisse droite, en 1811. Cette forte contusion donna lieu à la formation d'une hernie fémorale, qui se manifesta extérieurement peu de temps après. Sa grosseur était celle d'un petit œuf de poule. Ne ressentant aucune gêne de cette maladie et ne voyant pas la tumeur augmenter de volume, il y apporta peu d'attention jusqu'en 1818, où les travaux pénibles de la campagne donnèrent lieu à quelques accidens qui le déterminèrent à se faire appliquer un bandage.

Le 22 juillet 1819, en faisant un effort pour transporter du sable, il ressentit tout à coup une douleur vive dans la hernie, qui devint en même temps douloureuse et plus volumineuse. Bientôt il fut pris de coliques violentes avec

hoquet, nausées, vomissemens. La tumeur devint rouge ;
la plus légère pression qu'on exerçait sur elle et sur tout
l'abdomen déterminait des douleurs très-aiguës. Les bains,
la saignée locale, les topiques émolliens, furent employés
inutilement. On fit quelques tentatives de réduction, mais
les accidens d'étranglement devinrent plus intenses ; le
pouls était petit et peu fréquent ; il n'y avait pas eu de
selles. Tel était l'état du malade le 23 juillet au matin,
lorsque M. *Laroche*, médecin à Angers, fut appelé près
de lui. Les symptômes indiqués persistaient depuis vingt-
quatre heures environ ; l'excès des douleurs avait épuisé
les forces du malade, qui désirait vivement l'opération,
qu'on pratiqua sur le champ.

La peau fut incisée suivant la direction du ligament de
Fallope. En enlevant le tissu cellulaire sous-cutané, lame
par lame, on ouvrit une petite cavité qui contenait un peu
de sérosité rougeâtre. La petite quantité de liquide, le peu
d'étendue de la cavité ouverte et sa situation superficielle
firent penser d'abord que ce n'était qu'un kyste séreux,
comme il s'en rencontre assez fréquemment dans l'épaisseur des enveloppes de la hernie fémorale. Mais en conti-
nuant la dissection des lames celluleuses voisines, l'intestin
fut ouvert et donna issue à un peu de matières fécales
liquides. On reconnut alors qu'il existait entre lui et le sac
une adhérence complète et tellement immédiate, que sa
membrane péritonéale était entièrement confondue avec
celle du sac herniaire, excepté dans le point très-circonscrit
qui contenait quelques gouttes de sérosité, et qu'on avait
pris pour un kyste séreux.

Cette union intime du sac et de l'anse intestinal se continuait jusqu'au-delà de l'anneau crural, de sorte que le
sac, depuis son col jusqu'à son fond, ne formait qu'un
avec l'intestin déplacé. Une sonde cannelée fut introduite
dans la cavité de ce dernier, qu'on ouvrit longitudinalement
dans l'étendue d'un pouce et demi. La membrane muqueuse était boursoufflée, d'un rouge noirâtre très-intense.

Cette incision de l'intestin ne paraissant procurer aucun soulagement au malade, et les douleurs abdominales aiguës, la tension du ventre et la très-petite quantité de matières écoulée seulement lors de la piqûre de l'intestin, donnant lieu de penser que l'étranglement persistait, on opéra le débridement.

Un bistouri droit boutonné, dirigé par le doigt indicateur de la main gauche, fut alors introduit *dans le bout inférieur de l'intestin, jusqu'à l'anneau crural, qu'on débrida par une incision de deux lignes de profondeur environ, pratiquée de haut en bas à sa partie interne;* de sorte que l'intestin, le col du sac herniaire et la base du ligament de Gimbernat, furent coupés en même temps. L'intestin maintenu naturellement au-dehors par ses adhérences avec le sac, fut lavé à plusieurs reprises, et la plaie recouverte d'une compresse fenêtrée, sur laquelle on mit quelques plumasseaux de charpie. (Diète ; délayans.)

La nuit suivante et le lendemain 24, le malade n'éprouva aucun accident. Il sortit par la plaie quatre vers lombrics et des matières fécales. Le 26, dans la nuit, ventre météorisé, très-douloureux, hoquet, syncopes fréquentes, sueurs froides partielles, pouls petit, concentré. Ces symptômes alarmans ne persistèrent pas. Le 28, l'état du malade était bien amélioré. Il sortit des vents et des matières fécales par *l'anus*, et ces évacuations devinrent de plus en plus fréquentes, en même temps qu'elles avaient lieu en bien moindre quantité par la plaie, dont l'étendue était déjà beaucoup diminuée le 5 août. Elle cessa alors d'être aussi douloureuse au toucher, et l'on exerça dessus une légère compression que bientôt le malade détermina lui-même chaque fois qu'il sentait le besoin d'aller à la selle ou de rendre quelques vents. On permit des alimens légers et en très-petite quantité.

Dans le courant du mois d'août la situation du malade devint chaque jour meilleure ; la plaie se cicatrisait d'une manière sensible et ne laissait suinter qu'une petite quantité

7

de mucus, mais seulement quand il y avait constipation, ce qui eut lieu à plusieurs reprises. Enfin, la cicatrisation fut complète le 8 septembre, six semaines après l'opération. Depuis cette époque, Beziau porte un brayer; il a repris ses travaux habituels et sa santé est constamment bonne, quoiqu'il éprouve assez fréquemment des coliques intestinales.

Cette observation offre l'exemple d'une complication bien rare dans les hernies, je veux dire, de l'adhérence complète de tous les points de la surface de l'intestin avec le sac herniaire. Il est fréquent de rencontrer dans les hernies anciennes des adhérences plus ou moins étendues entre les viscères déplacés et le sac; mais elles ne consistent ordinairement que dans des brides celluleuses plus ou moins lâches, et qui permettent encore un léger glissement entre les deux surfaces séreuses. Dans le cas dont il est question, l'adhérence était tellement intime, que le sac, exactement accolé à toute la surface de l'intestin, était entièrement confondu avec ses parois.

L'inflammation avait produit ici un phénomène analogue à celui qu'on observe à la suite de certaines péricardites où l'on ne trouve plus aucun vestige de la cavité du péricarde, qui est immédiatement appliqué sur toute la périphérie du cœur. Cette adhésion du sac avec l'intestin n'était pas bornée à la seule portion déplacée, elle se prolongeait encore, dans une certaine étendue, au-delà de l'anneau dans la cavité abdominale, et l'on ne peut expliquer que par cette circonstance comment il a pu se faire que l'incision simultanée de l'intestin et du col du sac n'ait pas donné lieu à un épanchement mortel.

J'accompagnais M. *Laroche* en qualité d'aide, lorsqu'il pratiqua l'opération dont je viens de rapporter les détails, et je saisis avec empressement l'occasion de lui témoigner ma reconnaissance pour l'amitié bienveillante dont il n'a cessé de me donner des preuves. (*Note du Traducteur.*)

§. XI bis (1). *Expériences de* Travers, *qui prouvent la nécessité de l'*Entonnoir *membraneux , pour suppléer à la portion d'intestin qui a été détruite par la gangrène.*

Les expériences que *Travers* (2) a faites sur les animaux ont confirmé ce que j'avais observé sur l'homme, relativement à la formation du prolongement membraneux (*imbuto membranoso*) qui enveloppe les deux orifices de l'intestin divisé par la gangrène.

Ayant incisé le ventre d'un chien, il attira au dehors une anse d'intestin grêle, qu'il serra fortement avec une ligature : il fit ensuite la resection de la portion de l'intestin qui était en deçà de la ligature, et replaça l'intestin dans l'abdomen. L'animal ne manifesta pas une grande douleur ; mais le second jour il survint des nausées et des vomissemens bilieux ; il but cependant un peu d'eau et de lait. Le quatrième jour il rendit par l'anus des matières fécales dures. Il reprit des forces et de l'appétit. L'animal fut tué un mois après, et l'on observa que les deux orifices de l'intestin, dégagés de la ligature, étaient entourés par une enveloppe que formait l'épiploon qui rétablissait leur communication réciproque, et que par son moyen les matières fécales avaient

---

(1) Ce §. nouveau forme le XIIe dans la deuxième édit. originale.

(2) Inquiry into the process of nature in reparing injury of the intestins. London, 1812.

7*

repris leur cours naturel et avaient entraîné avec elles le fil qui servait de ligature.

Sur un autre chien qu'il avait tenu à jeun pendant quelque temps, il fit une incision transversale à l'intestin grêle et le replaça sans autre précaution dans le ventre. L'animal vécut neuf jours dans un état d'abattement et refusant de manger. Les deux portions de l'intestin communiquaient par une cavité intermédiaire formée en partie par le péritoine, en partie par le mésentère et les circonvolutions intestinales voisines. Cet intervalle était rempli par des matières fécales, des fragmens d'os et d'autres substances dures.

Je ne pense pas que ce soit autrement que par ces divers moyens que s'est opérée la guérison chez l'homme, dans quelques cas où l'intestin à moitié coupé est rentré dans l'abdomen, et lorsqu'on l'y a replacé après sa section. Je ne crois pas qu'il puisse y avoir non plus d'autre explication plausible du cas rapporté par M. *Cayol* (1), de la gangrène d'un intestin, dans une hernie scrotale, qui n'empêcha pas les matières de reprendre leur cours naturel, après un certain temps. En effet, on reconnut après la mort, par l'ouverture de la tumeur, qu'une portion d'épiploon, qui était descendue dans le fond du sac herniaire, auquel elle adhérait, formait une enveloppe qui renfermait l'intestin dans le point où la gangrène l'avait perforé.

(1) Voyez la trad. française de la première édition, pag. 427.

§. XIII (1). *Inconvéniens du fil qu'on a coutume de passer à travers le mésentère pour fixer l'intestin auprès de la plaie.*

Cette méthode, dont j'ai signalé déjà les inconvéniens, est encore la cause d'autres accidens. C'est ainsi que la ligature qui maintient l'intestin appliqué contre les parois abdominales, s'oppose à la libre sortie des matières fécales par la plaie, et donne lieu à tous les symptômes de l'étranglement : de sorte que le chirurgien est assez souvent obligé de l'enlever peu d'heures après l'opération. En outre, le fil exerce sur le mésentère une traction plus ou moins forte, d'où il résulte que les nerfs *splanchniques* se trouvent comprimés ou distendus, et ne peuvent qu'ajouter à l'irritation locale et générale. Si la ligature de l'épiploon et du cordon spermatique a été abandonnée par les chirurgiens modernes, parce qu'il s'y trouvait compris un très-petit filet des nerfs *splanchniques*, à plus forte raison doit-on rejeter ici ce moyen, qui peut causer les plus fâcheux accidens par la compression et l'irritation qu'il détermine sur un grand nombre de ces mêmes filets nerveux, qui se portent du mésentère aux intestins (2).

-----

(1) Suite du §. XIII de la trad. française de la première édition.
(2) Voyez les planches de Walter.

§. XIV bis (1). *L'Ulcération de l'intestin varie dans sa terminaison, suivant qu'elle a lieu de dehors en dedans ou de dedans en dehors de ses parois.*

Alexandre Benedetti (2) pense que l'aphorisme d'Hippocrate, *Si quod intestinorum gracilium discinditur, non coalescit*, se rapporte également à l'ulcération des intestins ; il dit à ce sujet : *Quibus intestina ulceratione perforantur nunquam ferè cicatricem contrahunt, nam stercore naturales vires opprimuntur.* Il convient ici de distinguer l'ulcération *extérieure* des intestins, de leur ulcération *intérieure*. Quand elle a lieu à la surface externe, son siége est dans le péritoine ; et comme cette membrane contracte facilement des adhérences avec les parties voisines, à cause de la nature *adhésive* de son inflammation, quoique la perforation de l'intestin s'effectue, il ne se fait pas d'épanchement de matières fécales dans la cavité abdominale. L'ulcération *interne*, au contraire, occupant la membrane muqueuse (*villosa*), qui n'a aucune disposition à contracter d'adhérence par suite de son inflammation, détruit lentement et presque insensiblement son tissu. Elle ne donne lieu à aucuns symptômes graves jusqu'à ce que la perforation des parois soit complète : alors la mort est iné-

---

(1) §. nouveau formant le §. XVI de la nouvelle édition.
(2) Voyez Marcel, Donati. Hist. mirab., lib. V, cap. IV.

vitablement la suite de l'épanchement des matières fécales, qui ne manque pas d'avoir lieu, à moins que le péritoine n'adhère dans ce point avec les parties voisines.

Il existe ainsi plusieurs cas dans lesquels on a trouvé l'intestin grêle communiquant avec le gros intestin par une perforation dont l'origine avait été une ulcération lente de la membrane interne de l'intestin grêle; l'adhésion consécutive de la membrane externe de l'un et de l'autre établissait une communication par laquelle s'effectuait le passage des matières alimentaires (1).

Je conserve l'estomac d'un homme dont la membrane interne, près la petite courbure, était depuis longtemps le siége d'une vaste ulcération qui n'avait causé aucune douleur remarquable. Lorsqu'elle atteignit le péritoine, l'inflammation *adhésive* qu'elle produisit, détermina tous les symptômes d'une entérite très-intense. L'adhérence n'ayant pu s'opérer promptement entre ce viscère et les organes voisins, il survint un épanchement mortel de matières alimentaires dans la cavité du péritoine.

§. XXIII bis (2). *Procédé opératoire de M. Dupuytren, pour la cure de l'anus artificiel.*

On doit à M. Dupuytren un procédé nouveau et important pour la cure de l'anus artificiel,

---

(1) Cloquet, Nouveau Journal de Méd., tom. I.
(2) §. nouveau formant le **XXVI** de la nouvelle édition originale.

dont la guérison ne peut être opérée par les secours seuls de la nature. Quand la gangrène a
séparé une portion d'intestin, il n'arrive pas
toujours qu'il remonte ensuite assez avec le col
du sac herniaire au-dessus de l'anneau, soit inguinal, soit crural, pour que *l'entonnoir membraneux* (1) puisse se former. Quand cette disposition défavorable existe, *l'éperon*, ou la saillie
résultante de l'angle formé par le rapprochement
des deux orifices de l'intestin, se prolonge tellement en avant, qu'il se trouve en contact
avec les lèvres internes de la plaie, et qu'il s'oppose ainsi à la communication du bout supérieur avec l'inférieur. Dans ce cas, M. *Dupuytren*
a proposé de la rétablir, en suppléant au défaut de cul-de-sac membraneux, par l'ablation
de la partie moyenne de cet *éperon*. Il se sert,
pour cela, de pinces à *mors*, qu'on peut rap-

---

(1) *Imbuto membranoso.* — Cette expression semble consacrée par
Scarpa pour indiquer le mode de communication des deux orifices
de l'intestin divisé, dont la continuité se rétablit de la manière suivante : « Aussitôt après la séparation de l'intestin gangréné, soit
qu'elle ait lieu au-delà ou en deçà de l'anneau, les deux orifices se
trouvent enveloppés dans le col du sac herniaire, qui, bientôt, par
l'effet de l'inflammation, contractant des adhérences avec eux, sert,
pendant un certain temps, à diriger les matières fécales dans la plaie
extérieure, et à empêcher qu'elles ne se répandent dans le ventre.
A mesure que la plaie se resserre, la portion la plus extérieure du col
du sac herniaire se rétrécit aussi ; mais celle qui embrasse les orifices
de l'intestin s'élargit de plus en plus, et forme alors une sorte d'*entonnoir*, ou de cavité intermédiaire, qui met en communication les deux
parties de l'intestin. Cette adhérence du col du sac herniaire autour
des deux orifices n'empêche pas ces derniers de s'éloigner de l'anneau et de s'enfoncer de plus en plus dans la cavité abdominale.
Pag. 266, trad. française de la première édition.

(Note du Traducteur.)

procher graduellement à l'aide d'une vis longue
qui traverse l'extrémité des branches du manche.
Il en introduit les *mors* dans les deux orifices
de l'intestin et les enfonce jusqu'à un pouce et
demi de profondeur, puis il les rapproche peu à
peu; l'éperon se trouvant fortement comprimé,
se gangrène et se détache au bout de quelques
jours. On fait observer au malade une diète
sévère pendant les premiers jours qui suivent
l'opération ; on lui donne ensuite une nourri-
ture abondante et de facile digestion. L'emploi
de ce procédé a été plusieurs fois suivi de succès.

La principale, et peut-être la seule difficulté
qui s'oppose à l'exécution de cette opération,
c'est que, lorsque l'anus artificiel existe depuis
longtemps, l'orifice du bout inférieur se rétrécit
beaucoup, s'enfonce davantage et se place presque derrière le supérieur, en même temps
que le trajet fistuleux devient lui-même plus
étroit, sinueux et calleux. On a lieu d'espérer
que ce célèbre chirurgien donnera de nouveaux
détails sur un procédé si important pour ses
résultats.

ADDITIONS AU MÉMOIRE

SUR LA HERNIE OMBILICALE ET CELLE DE LA LIGNE BLANCHE DE L'ABDOMEN.

§. VII (1). *De la Hernie ombilicale accidentelle, ou postérieure à la naissance.*

J'ai toujours trouvé un sac herniaire dans la hernie ombilicale , quels que fussent le volume et l'ancienneté de la tumeur , et j'ai remarqué que dans quelques endroits il était adhérent et comme confondu avec la surface des viscères (2). C'est ordinairement à l'endroit correspondant au sommet de la tumeur que ces adhérences sont les plus fortes , à cause du poids des viscères et de la pression qu'exercent les vêtemens.

On ne doit pas être étonné que les anciens chirurgiens aient pensé, à une époque où l'anatomie était peu cultivée, et où , par conséquent, on n'avait pas de connaissances exactes sur la structure des parties du corps humain , qu'il n'y avait pas de sac dans la hernie ombilicale. Mais on a lieu d'être surpris en voyant *Dionis* et *Garengeot* soutenir une semblable erreur ; car on savait alors que le péritoine passait au-

---

(1) Suite du §. VII de la trad. française de la première édition.
(2) Planche X , fig. VI, a, a, a.

devant de la cicatrice ombilicale , sans que son organisation fût différente dans ce point de ce qu'elle est dans le reste de l'abdomen , et qu'il cédait plus facilement, dans cette région , à la pression des viscères abdominaux. A cette époque on connaissait l'ouvrage de *Barbette*, où il dit : « Hoc etiam animadversione non indignum » videtur , peritonæum rarissimè disrumpi. In » apertis , dissectisque cadaveribus aliquoties » expertus sum , et demonstravi , umbilicum » cum subsequentibus intestinis instar capitis » virilis protuberasse ; adeò ut musculi ventris » recti ad latera impellerentur , et a se invicem » separerentur ; attamen peritonæum erat ex- » pansum , sed nusquam disruptum. » (*Oper. omnia a Mangeto edita. Genevæ*, 1688, tom. II , pag. 74.)

§. X (1). *Hernies de la ligne blanche.*

Les symptômes de la hernie épiploïque de la ligne blanche sont analogues à ceux qu'on attribue à la hernie de l'estomac.

OBSERVATION.

Un artisan , âgé de 32 ans, d'une taille au-dessus de la moyenne, qui n'avait jamais éprouvé de maux d'estomac, ressentit, en 1794 , de grandes douleurs dans les régions épigastrique et ombilicale , surtout après avoir mangé. On

---

(1) Suite du §. X de la trad. française de la première édition.

ne voyait rien de particulier à l'épigastre et à la ligne blanche. Trois ans après cette époque, il parut directement, sur le trajet de cette dernière et au-dessus de l'ombilic, une petite tumeur qui augmenta manifestement de volume dans l'espace de cinq mois, et qui était douloureuse à la pression. Les douleurs d'estomac devinrent en même temps plus intenses, en s'étendant autour de l'ombilic; leur caractère était analogue à celui des coliques d'estomac et des intestins ; leur force et leur durée n'étaient nullement influencées par les alimens, de quelqu'espèce qu'ils fussent ; quelquefois le malade les apaisait en buvant du lait tiède ou en se couchant sur le ventre. Cette circonstance fit essayer l'application d'un bandage circulaire qui comprimait le ventre et qui produisit un effet tout contraire à celui qu'on en attendait. Tel était l'état du malade, lorsque M. *Maunoir*, célèbre chirurgien de Genève, l'examina et reconnut l'existence d'une hernie *épiploïque* de la ligne blanche, située dans la région épigastrique, et qui était évidemment la cause des douleurs que cet homme ressentait depuis si longtemps. L'opération fut proposée au malade, qui l'accepta sans difficulté.

Après avoir incisé les tégumens et mis à découvert la ligne blanche, on aperçut deux petites masses *pyriformes*, de couleur rouge, et dont la consistance était celle des polypes de l'utérus. La supérieure avait la grosseur d'une fève, l'inférieure celle d'un œuf de pigeon. Les ouvertures de la ligne blanche qui leur livraient passage étaient étroites, et toutes les deux tenaient par un pédicule très-mince. M. *Maunoir* excisa simplement l'une et l'autre, le plus près possible de la ligne blanche. Les douleurs cessèrent et la plaie se cicatrisa en peu de temps. (*Journal de Médecine*, par MM. Corvisart, Leroux, etc., tom. XX. — Octobre, 1810.)

§. XIII (1). *Des Tumeurs graisseuses qui simulent les épiplocèles de la ligne blanche* (*).

Je dois rappeler aux jeunes praticiens que,

---

(1) Suite du §. XIII de la trad. française de la première édition.

(*) M. Scarpa, en parlant des méprises auxquelles les tumeurs graisseuses peuvent donner lieu par leur ressemblance avec les hernies de la ligne blanche, rapporte qu'il a lui-même été induit en erreur et qu'il a pratiqué l'opération dans un cas de cette espèce, où tous les accidens d'un étranglement existaient. Il y a plusieurs exemples analogues.

M. *Pelletan* (*Clinique Chirurg.*, tom. II) a rapporté un fait semblable, ainsi que M. *Tartra* (*Journal général de Médec.*, *Chir. et Pharm.*, an 1805). Mon ami, M. *Bigot*, en a consigné plusieurs exemples dans sa Thèse (*Dissertation sur les Tumeurs graisseuses extérieures au péritoine, qui peuvent simuler des hernies*, Paris, 1821); j'en ai moi-même observé un, que je vais rapporter ici :

OBSERVATION. — Philippe Chalais, âgé de cinquante-huit ans, perruquier, d'une constitution assez robuste et d'un embonpoint médiocre, vivait habituellement dans la débauche. En 1802, il fut blessé en Espagne : une tumeur, du volume d'une grosse noix, placée trois travers de doigt

dans le cas où le diagnostic est obscur et laisse

---

au-dessus de l'ombilic et sur le trajet de la ligne blanche , succéda , dit-il , à cette blessure. Il affirma qu'il la faisait *rentrer à volonté*, et que son volume n'avait pas augmenté depuis qu'elle était parue.

Le 9 juin 1818 , *Chalais* , après s'être enivré pendant deux jours et avoir mangé avec excès , éprouva une vive contrariété qui fut suivie d'une indigestion ; aussitôt des nausées surviennent et sont suivies de vomissemens répétés pendant quatre heures. Au milieu de ces efforts violens, il sentit *la tumeur augmenter subitement de volume* , et bientôt elle devint *douloureuse au toucher :* les matières vomies étaient bilieuses et liquides. Le malade entra le même jour à l'Hôtel-Dieu d'Angers , et m'offrit les symptômes suivans : face animée , yeux rouges et larmoyans , agitation extrême ; langue rouge et sèche , soif inextinguible , pouls dur, fréquent, très-développé ; respiration difficile , douloureuse ; ventre tendu et douloureux au toucher ; tumeur du volume d'un petit œuf de poule , située entre l'ombilic et l'appendice xyphoïde , et *très-douloureuse au toucher.* La plus légère pression sur l'abdomen déterminait des douleurs atroces ; vomissemens bilieux se renouvelant incessamment, coliques violentes, constipation , urine très-rare. (Saignée du bras de trois palettes , bain entier , cataplasme , diète.) Ces moyens ne procurèrent aucun soulagement ; le malade *se plaignait beaucoup de la douleur qu'il ressentait dans la tumeur.* La nuit fut très-agitée, il n'y eut aucune rémission dans les symptômes.

Le lendemain 10 , les accidens déjà indiqués , qui persistaient avec la même intensité, portant à penser qu'ils étaient dus à l'étranglement d'une hernie de la ligne blanche , formée par l'épiploon , l'opération fut pratiquée sur le champ. Une incision longitudinale , de deux pouces environ , fut faite parallèlement à la ligne blanche. Après avoir disséqué le tissu cellulaire sous-cutané , on aperçut une tumeur inégale , pâteuse , qu'on regarda comme une

en doute sur la véritable nature de la tumeur ,

épiplocèle , et l'on incisa , dans une étendue de quelques lignes , en dehors , une portion de l'aponévrose de l'*oblique externe* seulement. Pensant alors qu'on avait débridé suffisamment l'ouverture qui avait livré passage à la tumeur, on essaya , mais inutilement, de la réduire , et après quelques tentatives infructueuses la plaie fut pansée simplement. Tous les symptômes n'en continuèrent pas moins d'exister toute la journée et la nuit du 10, avec la même violence. (Bain entier.)

Le 11 au matin, état de stupeur et prostration générale, face décolorée , couverte d'une sueur froide ; pouls petit, plus concentré ; hoquet fréquent et vomissemens bilieux réitérés ; soif continuelle ; le ventre était moins douloureux au toucher , mais également tendu. Depuis les premiers essais de réduction, le malade avait cessé de se plaindre de la tumeur. Constipation, nulle excrétion de l'urine. On visita de nouveau les parties qu'on avait découvertes par l'incision des tégumens, et l'on remarqua que la masse pédiculée qui formait la tumeur était enveloppée d'un sac très-fin, qu'on ouvrit longitudinalement. On crut alors reconnaître positivement une épiplocèle et l'on débrida profondément au-dessus et au-dessous, parallèlement à la ligne blanche, *mais sans pénétrer dans la cavité abdominale.* Une dissection plus complète de la tumeur donna bientôt des doutes sur sa nature ; elle fut fendue avec précaution , peu à peu et dans une direction longitudinale , et l'on vit manifestement qu'elle était formée par une masse graisseuse pédiculée extérieure au péritoine. Dès-lors, plus de doute que les symptômes observés étaient le résultat d'une péritonite. Ils augmentèrent bientôt d'intensité. (Bain tiède , fomentations émollientes , lavemens émolliens, boissons mucilagineuses.)

Le 12, l'état du malade était à peu près le même : le ventre était moins douloureux , moins rénitent ; les vomissemens avaient cessé, la soif était toujours intense , la constipation

on ne doit pas hésiter de la mettre à decouvert.

---

persistait toujours. A cinq heures du soir, traits de la face entièrement décomposés, décolorés, ainsi que tout le corps, qui est couvert d'une sueur froide; hoquet fréquent, pouls à peine sensible, offrant de longues intermittences. Mort à six heures du soir.

Ouverture du Cadavre. — Il n'existait aucune communication de la tumeur avec l'intérieur du bas-ventre. Son pédicule était implanté sur la face externe du péritoine et contenait des vaisseaux assez développés, qui naissaient de cette membrane, dont la surface extérieure était rouge, fortement injectée dans tous les points de son étendue et recouverte d'une légère exsudation albumineuse. La cavité péritonéale contenait une grande quantité de sérosité lactescente; des concrétions membraniformes réunissaient les intestins presqu'en un seul paquet, et formaient çà et là de petites cavités remplies elles-mêmes de sérosité, au milieu de laquelle nageaient de petits flocons albumineux.

L'épiploon adhérait aussi aux intestins; l'estomac contenait beaucoup de bile et un ver lombric vivant. La vésicule du fiel était adhérente avec la portion correspondante du duodénum, qui, dans cet endroit, était ulcéré et perforé, sans que sa cavité communiquât pour cela avec celle de la vésicule, non plus qu'avec celle du péritoine. L'ulcère était rond; ses bords, épais et calleux, semblaient avoir été coupés par un emporte-pièce. La membrane muqueuse de l'estomac et des intestins était blanche et sans aucune trace d'inflammation.

Le péricarde renfermait un peu de sérosité rougeâtre: les poumons étaient sains, crépitans; quelques adhérences anciennes et organisées les unissaient à la plèvre costale.

L'encéphale et ses membranes n'offraient aucune altération appréciable. Les ventricules latéraux contenaient un peu de sérosité limpide.

Dans ce cas, ainsi que dans ceux du même genre qui ont été rapportés par les auteurs, on a toujours remarqué que

L'opération ne peut causer aucun accident au

---

l'opération avait été décidée par les rapports du malade, qui induisait lui-même le chirurgien en erreur. Le sujet de l'observation que je viens de rapporter avait encore ajouté, dans le récit de son état antérieur, une circonstance qui devait faire regarder cette tumeur graisseuse comme étant bien certainement une véritable hernie. Avant ses souffrances, avait-il dit, *il la faisait rentrer à volonté.* Une assertion aussi positive ne devait laisser aucun doute sur la nature de cette maladie et la cause des accidens qui existaient. Si l'on joint à cela qu'il avait senti, disait-il, la tumeur augmenter de volume en même temps qu'elle était devenue douloureuse, on voit que tous les renseignemens qu'il donnait indiquaient un étranglement. Ces deux derniers symptômes sont le résultat d'une sorte d'illusion de la part du malade, et qui n'est pas rare dans les grandes souffrances. (*Voyez Scarpa*, Ire édit., pag. 340.)

Ces tumeurs graisseuses peuvent, d'ailleurs, être évidemment le siége de douleurs plus ou moins vives, soit qu'elles dépendent d'une véritable inflammation, ou de toute autre cause. M. *Cruveilhier* (*Essai sur l'Anat. pathol.*, tom. II, pag. 268) rapporte le cas suivant : « Un homme » vient à l'Hôtel-Dieu pour des coliques habituelles qu'i » éprouvait depuis plusieurs années : on reconnaît une petite » hernie au-dessus de l'ombilic. On croit à une hernie de la » ligne blanche, et on trouve seulement un paquet graisseux » qu'on emporte. Dès ce moment les coliques ont disparu. »

M. le professeur *Béclard* trouva, sur le cadavre d'un homme de soixante ans, une tumeur graisseuse passant par une petite ouverture de la ligne blanche, à un pouce au-dessous de l'appendice xyphoïde. Il ne put se procurer aucuns renseignemens sur les symptômes qui avaient eu lieu pendant la vie ; mais les adhérences qui existaient entre la tumeur graisseuse et l'ouverture qui lui avait livré passage, ainsi que les traces d'un vésicatoire anciennement appliqué sur la tumeur, firent penser avec raison qu'elle avait dû

8

malade, tandis que, s'il existait réellement une

déterminer des douleurs pendant la vie (thèse citée). Il est difficile, dans ce dernier cas surtout, d'attribuer les douleurs à une autre cause qu'à l'inflammation, qui avait laissé des marques évidentes de son existence.

Le fait cité par M. *Cruveilhier* n'est pas le seul où l'on ait vu des douleurs abdominales, des coliques, disparaître après l'ablation de tumeurs graisseuses de la ligne blanche; mais, jusqu'à présent, l'inspection cadavérique n'a pas fait voir de quelle manière ces tumeurs extérieures au péritoine pouvaient agir sur les organes contenus dans la cavité du ventre. Je pense que leur influence consiste dans une action toute mécanique, lorsqu'il n'existe que des coliques sans aucune apparence inflammatoire. L'observation suivante me semble du moins autoriser, en partie, cette opinion.

J'ai trouvé, sur le cadavre d'un homme de soixante ans environ, gras, bien musclé, mais dont l'état antérieur m'était inconnu, deux *hernies* graisseuses de la ligne blanche : l'une, située près l'anneau inguinal du côté gauche, n'offrait rien de particulier; l'autre, qui avait le volume d'une grosse noix, était ovoïde et placée à deux pouces au-dessous de l'appendice sous-sternal. Son pédicule passait à travers une ouverture circulaire, à bords arrondis et lisses, dont le diamètre était de quatre lignes environ. En incisant cet anneau au-dessus et au-dessous de la tumeur, je remarquai qu'elle était continue avec du tissu adipeux, interposé dans l'écartement des feuillets du ligament suspenseur du foie. Ce ligament était attiré par le pédicule de la tumeur, contre l'ouverture qui lui livrait passage, de telle sorte qu'il formait un angle très-marqué, dont le sommet répondait à l'insertion du pédicule. De cette traction exercée sur le ligament suspenseur, il résultait que le foie se trouvait attiré en bas, et qu'une assez grande étendue de sa face convexe était appliquée contre la paroi interne de l'abdomen.

On conçoit facilement que s'il existait des douleurs dans

hernie étranglée, le plus léger retard pourrait lui être très-préjudiciable.

§. XV (1). *Traitement de la Hernie ombilicale. — Exemple de guérison de Hernie ombilicale congénitale.*

On n'a presque jamais l'espoir d'obtenir la guérison de la hernie ombilicale *congénitale* par l'emploi des moyens indiqués. Je n'en connais qu'un seul exemple rapporté par *Hey*. La tumeur, du volume d'un œuf de poule, était contenue dans la base du cordon ombilical. Ce célèbre chirurgien opéra d'abord la réduction des viscères et rapprocha ensuite les bords de l'ouverture de l'anneau, avec des bandelettes agglutinatives. Il plaça sur cette ouverture une petite pelote *conique* faite avec le même emplâtre, qu'il recouvrit de compresses en soutenant le tout avec une ceinture. La chute du cordon ombilical eut lieu six jours environ après la naissance. Quinze jours plus tard l'anneau ombilical était tellement rétréci qu'on put lever l'appareil

---

l'abdomen, qui fussent produites par une cause analogue à ce tiraillement exercé sur le foie, et qu'il y eût en même temps une tumeur graisseuse de la ligne blanche, il suffirait de son excision pour faire cesser tous les accidens. Peut-être y avait-il une disposition de ce genre chez les individus qui ont été guéris de coliques après l'opération très-simple qu'il s'agit de pratiquer dans cette occasion. (*Addition du Traducteur.*)

(1) Suite du §. XV de la trad. française de la première édition.

sans craindre que les viscères vinssent de nouveau former hernie, même quand l'enfant poussait des cris. (*Pratical. Obser.* , pag. 227.)

On doit toujours opérer la réduction et la maintenir lorsqu'on observe cette hernie chez les enfans ; mais quelquefois on n'y peut pas parvenir quand elle est très-volumineuse et adhérente au sac herniaire, ou bien lorsque la tumeur est formée par une portion du foie qui est rétrécie à son passage dans l'anneau et large au-dehors. Dans ce cas, la hernie, ainsi recouverte par les enveloppes du cordon, présente les phénomènes suivans, qu'il est facile de remarquer si l'enfant continue de vivre pendant douze ou quatorze jours. Le deuxième jour après la naissance, la couleur de la tumeur devient d'un jaune verdâtre, puis noirâtre. On observe çà et là, à sa surface, des gerçures d'où il s'écoule une humeur verdâtre. Le huitième jour environ, on voit un cercle rouge se former sur la peau qui entoure le cordon ombilical, et qui annonce la chute prochaine du cordon, qui ne tarde pas, en effet, à se détacher, et qui laisse à découvert le sac herniaire formé par le péritoine, dont la surface est recouverte de bourgeons charnus. L'enfant n'éprouve aucune douleur pendant que la séparation de l'enveloppe extérieure du cordon s'effectue ; mais aussitôt que l'enveloppe péritonéale est ainsi mise à nu, il se déclare des symptômes d'irritation générale, dont la violence détruit les forces de l'enfant et cause sa mort.

§. XV (1). *Guérison de la Hernie ombilicale par la ligature.*

L'expérience a démontré que le moyen le plus efficace pour opérer la cure de la hernie ombilicale, c'est la compression, tandis que la ligature donne lieu aux plus graves accidens et ne procure jamais une guérison vraiment radicale. Les chirurgiens vétérinaires assurent cependant qu'on obtient par ce moyen, ainsi que par la suture, la guérison complète et durable de la hernie ombilicale chez les poulains. (*Voy.* Journ. génér. de Méd., vol. LXX, janv. 1820, pag. 76.)

Si ce fait est constant, il démontre combien on doit avoir de circonspection quand on s'appuie de l'heureuse issue de quelques opérations chirurgicales pratiquées sur les animaux, pour juger des résultats qu'on obtiendrait sur l'homme en employant de semblables procédés.

---

(1) Note jointe au §. XVI de la traduction française de la première édition.

MÉMOIRE

SUR LA HERNIE DU PÉRINÉE (1).

Le chirurgien qui possède une connaissance exacte de l'anatomie du corps humain dans l'état sain, est sans doute, moins que tout autre, porté à admettre comme possible, qu'un intestin, ou tout autre viscère de l'abdomen, puisse, par l'effet d'une cause violente, ou de quelqu'affection morbide, éprouver un déplacement tel, qu'il soit poussé en bas, hors du bassin, de manière à former une hernie saillante au périnée. *Chopart* et *Desault* (2), en effet, n'ont pas regardé comme démontrée la possibilité de ce fait pathologique, et *Astley Cooper* qui admet bien qu'un intestin peut être déplacé et porté jusque dans le bas-fond du bassin,

---

(1) Ce Mémoire, qui a été publié par M. Scarpa, depuis l'impression de la nouvelle édition de son *Traité des Hernies*, remplit une des lacunes qui existent encore dans l'histoire de ce genre de maladies. Nous nous dispensons de faire aucune réflexion sur ce nouveau travail, dont une seule observation a été l'occasion, et qui est traité avec ce talent supérieur qui a placé, depuis longtemps, le célèbre professeur de Pavie au premier rang des chirurgiens de notre époque. (*Note du Traducteur.*)

(2) *Traité des Maladies Chir.*, tom. II, pag. 292. « On peut douter de la réalité de la hernie du périnée, quoiqu'on dise avoir vu dans le ventre d'un homme mort à l'âge de quarante-cinq ans, une portion de l'iléon enfoncée entre le rectum et la vessie jusqu'au périnée, dans une cavité dont l'entrée était étroite et le fond large et adhérent à la peau. »

ne pense pas qu'il puisse former ensuite une tumeur manifeste au périnée (1). *Hon* a émis à peu près la même opinion relativement à l'existence de cette maladie chez la femme ; car il dit clairement qu'il ne peut pas se former chez elle de hernie périnéale , qu'on puisse regarder comme étant différente de celle qu'on nomme *vaginale* (2).

A la vérité , si l'on considère que dans l'endroit où le péritoine se replie de bas en haut, entre l'intestin rectum et la face postérieure de la vessie , deux travers de doigt au-dessus de l'insertion des uretères , il forme une cloison qui sépare le fond du bassin de sa capacité supérieure ; que cette cloison , quoique membraneuse , est forte et élastique, capable de résister facilement à l'action simultanée des muscles abdominaux et du diaphragme ; si l'on remarque qu'au-dessous d'elle toute la surface interne du bassin est recouverte d'une toile aponévrotique fixe et solide , formée par l'aponévrose *iliaque* ; que les côtés de cette même cavité sont garnis par les ligamens *sacro-ischiatiques* ; enfin , qu'elle est fermée dans la partie la plus déclive par les

---

(1) *The anatomy and surgical treatment of hernia*, tom. II , pag. 67. It protrudes as far as the skin in the perineum ; but does not project it so as to form an external tumour ; its existence in the male can be only ascerteined during life by an examination by the rectum.

(2) Voyez Leblanc , *Précis des opér. de chirurg.*, tom. II, pag. 354. « L'entérocèle périnéale des femmes ne peut guères paraître qu'à la suite d'une entérocèle vaginale ; car il serait difficile de concevoir qu'un intestin pût faire tumeur au périnée d'une femme , sans avoir auparavant fait saillie dans son vagin. »

muscles *ischio-coccygiens* et *releveurs* de l'anus , dont les fibres forment tout à la fois un plan résistant et susceptible , par ses contractions , de contre-balancer l'effort d'impulsion exercé sur les organes de l'abdomen par les muscles de cette région et par le diaphragme ; il ne semble pas vraisemblable que quelque viscère de cette cavité puisse jamais , par l'effet des causes indiquées , ou par celui d'une violente pression exercée sur l'abdomen , être poussé hors du bassin par sa partie inférieure et venir former une hernie saillante au périnée.

On peut encore ajouter à ces considérations , que l'action réunie du diaphragme et des muscles abdominaux n'agit que rarement dans la direction de l'axe vertical du bassin , et qu'il n'existe point dans le bas-fond de cette excavation , de vaisseaux sanguins d'un volume remarquable, suivant le trajet desquels se forment ordinairement les hernies , comme cela a lieu à la sortie des vaisseaux de l'ombilic , du cordon spermatique , de l'artère fémorale dans le pli de la cuisse ; des artères ischiatique et obturatrice dans la cavité du bassin..

Quelque fondées que paraissent ces réflexions à celui qui a fait une étude approfondie de la structure du corps de l'homme , et qui considère l'action réciproque des parois de l'abdomen et des parties qu'elles renferment , la formation d'une hernie saillante au périnée n'en est pas moins un fait certain , qui ne peut plus être révoqué en doute dans la pratique chirurgicale , quoiqu'il puisse sembler extraordinaire, d'après la disposition anatomique de cette région.

L'histoire que je vais rapporter rendra évident ce cas de pathologie, et prouvera en même temps la réalité de l'observation importante que *Chardenon* publia sur ce sujet, observation à laquelle les écrivains les plus célèbres dans la chirurgie n'avaient pas accordé toute l'attention qu'elle mérite.

OBSERVATION.

Carlo Capella, taillandier, demeurant à *Vivente*, village distant de six milles de Pavie, âgé de cinquante-neuf ans, d'une faible constitution, avait la poitrine mal conformée, et depuis sa jeunesse était sujet à une dyspnée presqu'habituelle, ainsi qu'à des accès d'asthme, et à des catarrhes fréquens, accompagnés quelquefois de crachement de sang. Ce malade n'avait jamais éprouvé de douleurs vives dans l'abdomen; souvent il était constipé, et par intervalle il se plaignait d'un sentiment confus de tiraillemens dans les lombes, dont il attribuait principalement la cause à la fatigue continuelle de sa profession.

Quelques années avant l'époque où il vint me consulter, il me dit qu'après avoir enjambé un fossé pour en faciliter le passage à un enfant, dans l'effort qu'il fit, ayant ainsi les jambes écartées et le corps porté en avant, il ressentit

tout à coup une douleur très-vive dans le bas
de la fesse droite, *comme si une fibre s'était dé-
chirée dans son intérieur.* Après s'être redressé,
il porta la main sur le point douloureux, près
de la marge de l'anus, et sentit à son côté
droit une tumeur de la grosseur d'une petite
noix, qui cédait facilement à une légère pression
et qu'une plus forte fit rentrer dans le bassin,
où il la maintint ainsi au moyen d'une compresse
et d'une bande.

Peu de temps après il fut affecté d'un ca-
tarrhe violent qui persista pendant quatre
mois, et durant lequel la tumeur augmenta insensiblement de volume et devint grosse comme
un œuf de poule. Dans le courant de l'année
suivante, étant placé sur une charrette remplie
de foin et les jambes écartées, il voulut enlever,
dans cette position, plusieurs bottes pesantes
pour les porter dans un grenier. Dans ce moment, la douleur de la fesse droite et du périnée
se renouvela avec plus de force qu'auparavant et
accompagnée d'un engourdissement qu'il n'avait
pas encore ressenti, dans toute l'étendue de la
cuisse et de la jambe de ce côté.

Le 28 mars 1810, le malade se présenta à la
Clinique, demandant qu'on lui appliquât un
bandage ou brayer pour maintenir la tumeur réduite, ou du moins en empêcher l'accroissement.
Lorsqu'il était debout, les jambes écartées, le
corps incliné en avant et le pied droit appuyé
sur une chaise, il était facile de juger de l'étendue

de la tumeur vue par derrière (1) ; elle formait, à la surface du périnée, une saillie pyriforme, près la marge de l'anus du côté droit ; sa base appuyait sur le bord inférieur du grand fessier ; elle avait le volume d'un œuf de poule, était large en bas, étroite à son sommet qui était contigu au bord droit de l'orifice de l'anus. Quand le malade toussait, on sentait évidemment que les viscères contenus dans la tumeur repoussaient la main appliquée à sa surface. La réduction complète en fut facile, et l'on entendit un gargouillement obscur qui indiqua positivement que cette hernie du périnée était intestinale.

Je pensai qu'une simple pelote conique, soutenue par un bandage en T, ne pouvait pas suffire pour maintenir la réduction, non plus que l'appareil inventé par *Pipelet* (2) pour un cas semblable ; car la tumeur était déjà d'un volume assez considérable, et les viscères étaient poussés avec force lorsque le malade toussait. Je savais d'ailleurs que l'appareil de *Pipelet* présentait les inconvéniens du bandage en T, dont il ne diffère véritablement que par la bande *inférieure*, qui est en peau au lieu d'être en toile, et qui est unie, en avant et en arrière, à un *ressort circulaire*, semblable à celui d'un brayer ordinaire, et non pas à une ceinture de toile. L'auteur lui-même, en parlant de son bandage, a fait observer que le *compresseur*, soutenu par la

---

(1) Planche XV, a, b.
(2) Mém. de l'Acad. royale de Chirurgie, tom. IV, in-8°.

bande de cuir *descendante*, était sujet à changer souvent de position dans les différens mouvemens du corps. Pour éviter cette difficulté, je jugeai qu'il était préférable d'employer une ceinture construite de la même manière que celle qu'on emploie pour prévenir la chute de l'intestin rectum et le maintenir réduit : c'est pourquoi je disposai le bandage de la manière suivante :

Le *ressort circulaire* (1) qui embrasse la circonférence du bassin, est fixé sur le pubis au moyen d'une courroie (2). Un autre *ressort*, en forme de segment de cercle (3), uni postérieurement au premier, descend le long de l'os sacrum; et se recourbant un peu en avant et en haut, son extrémité appuie directement sur le fond de la hernie, qui est ainsi comprimée de bas en haut contre l'ouverture herniaire. Pour rendre la compression plus efficace et plus exacte, l'extrémité de ce second *ressort est garnie d'une petite pelote de forme ovale* (4). Il suffit que la résistance de ce ressort *demi-circulaire* soit proportionnée à l'impulsion produite par les viscères de l'abdomen, pour que la réduction soit toujours maintenue (5). Tout l'appareil doit être recouvert d'une peau souple; et l'on peut, s'il est besoin, lui ajouter un *sous-cuisse élastique* (6),

---

(1) Planche XVI, fig. I, a, a.
(2) *Idem*, b, b.
(3) *Idem*, c, c, d.
(4) *Idem*, e.
(5) *Idem*, fig. II.
(6) *Idem*, fig. I, g, f.

afin de mieux fixer la pelotte et d'empêcher le point de pression de varier.

Quelques jours après l'application du bandage ainsi construit , le malade se plaiguit d'être un peu gêné par le ressort *demi-circulaire* , lorsqu'il était assis. Il fut facile de remédier à cet inconvénient , en faisant placer dans l'intérieur de la petite pelote un *spirale métallique* , comme dans le compresseur employé pour contenir la hernie ombilicale.

Richter (1) dit que dans cette sorte de hernie, la pression exercée sur le périnée ne fait pas disparaître entièrement la tumeur , qu'elle n'agit que sur la portion qui forme une saillie extérieure : parce que , ajoute-t-il , dans cette maladie , l'intestin repoussé ne rentre pas dans la cavité libre de l'abdomen, mais il reste placé entre le rectum et la vessie. Il me semble qu'on peut conclure de cette réflexion , que ce célèbre chirurgien pensait qu'il existait dans les hernies de cette espèce , entre l'orifice du sac et la cavité abdominale , un canal intermédiaire dans lequel les intestins pouvaient être contenus après avoir été repoussés ; mais il est complètement dans l'erreur , car , dans la hernie faisant saillie au périnée, qu'alors on appelle communément *complète* (et qu'il n'a jamais peut-être observée) , l'orifice du sac de cette hernie n'est pas dans le bassin, comme le pense cet auteur , mais bien

----

(1) Traité des Hernies, pag. 282.

descendait plus profondément que de coutume
dans le fond du bassin et du côté droit , entraî-
nant avec lui la portion correspondante du mésentère. La totalité des circonvolutions de l'iléon ,
réunies ensemble dans le côté droit de l'excavation du bassin , avait l'aspect d'une petite
masse d'intestins plus grêles, ajoutée à celle des
autres intestins situés au-dessus dans les régions
iliaque droite et inguinale. En attirant avec précaution l'anse d'intestin qui était descendue le
plus profondément dans le côté droit du bassin ,
on aperçut la portion de l'iléon qui sortait du
bas-fond de cette cavité (1) et formait une hernie
saillante au périnée. Des deux parties latérales
de l'excavation pelvienne , formées par l'inter-
position du rectum et de la vessie , la droite
avait une largeur bien plus considérable que la
gauche. Dans le fond de la première , on voyait
manifestement l'ouverture circulaire (2) par laquelle la cloison membraneuse que forme le
péritoine, et qui était allongée et amincie , descendait et se prolongeait hors du bas-fond du
bassin, pour former au périnée le sac herniaire
proprement dit.

L'ouverture circulaire dont je viens de parler,
ou l'orifice du sac , avait près d'un pouce de
diamètre. L'intestin rectum , appuyé sur le
haut du sacrum , offrait plusieurs courbures
particulieres , au-dessus desquelles il était plus

---

(1) Planche XVIII e, e.
(2) *Idem* , XIX, a.

rétréci que de coutume et repoussé d'une manière très-marquée du côté gauche du bassin (1), ainsi que la vessie, qui était plus petite (2) que dans l'état ordinaire. Cependant on remarqua que lorsqu'elle était distedune par l'urine, son fond devait couvrir au moins la moitié de la circonférence de l'orifice qui livrait passage à l'intestin. L'anse de l'iléon qui formait la hernie semblait d'abord introduite seulement entre le réctum et la vessie; mais en suivant son trajet, on voyait qu'arrivée près du col de la vessie, elle se repliait de gauche à droite sous la vésicule séminale de ce côté et la prostate, et se portait dans l'intervalle qui existe entre le côté droit de la marge de l'anus, la tubérosité de l'ischion et le sommet du coccyx.

La disposition anatomique des parties intérieures bien reconnue, on examina celle des parties extérieures. Le volume de la tumeur saillante au périnée était égal à celui qu'elle me présenta la première fois que j'observai le malade, preuve certaine que le compresseur élastique l'avait contenue, ou au moins s'était opposé à son développement pendant les neuf années qui avaient suivi sa première apparition.

La peau qui la recouvrait fut disséquée avec soin; elle n'avait pas contracté d'adhérences avec le sac herniaire. En enlevant le tissu cellulaire sous-cutané, on découvrit la couche des fibres

____

(1) Planche XVIII, d.
(2) *Idem*, f.

charnues du muscle releveur de l'anus, qui étaient écartées les unes des autres, et dont les plus minces occupaient le milieu de la tumeur : les autres, réunies en faisceaux, se portaient en partie sur le col, en partie sur le fond (1) qui appuyait, comme je l'ai dit plus haut, sur le point d'origine le plus inférieur du muscle grand fessier (2). On voyait que la hernie avait dû paraître d'abord dans le périnée, immédiatement au-dessous du muscle transverse de cette région (3), c'est-à-dire au milieu de l'espace compris entre le bord droit de la marge de l'anus, le *grand* ligament sacro-sciatique droit (4) et la pointe du coccyx (5); mais comme la tumeur, en augmentant de volume, avait trouvé moins de résistance du côté du sphincter de l'anus que du côté de la tubérosité de l'ischion droit, l'extrémité inférieure de l'intestin rectum avait été nécessairement poussée du côté gauche du bassin (6).

Au-dessous de la couche musculaire du releveur de l'anus, on trouva le sac herniaire (7) formé par le péritoine, dont l'épaisseur n'excédait pas celle qu'il présente ordinairement dans l'abdomen. Une incision pratiquée dans toute la longueur du sac mit à découvert l'anse intestinale (8) dont la sortie avait produit la hernie.

---

(1) Planche XVII, a, a, b, b.
(2) *Idem*, p.
(3) *Idem*, i, i.
(4) *Idem*, b, m.
(5) *Idem*, m.
(6) *Idem*, h.
(7) *Idem*, d.
(8) *Idem*, e.

Elle était repliée sur elle-même et comme pelo-
tonnée en une petite masse. En portant le bout
du doigt le long de cette anse jusque dans le
bassin , je reconnus que l'orifice du sac herniaire
n'était pas situé positivement dans la partie osseuse de cette cavité, mais au-dessous de son
fond , précisément dans le périnée ; qu'il suffisait
que le doigt dépassât un peu cet orifice, pour se
mouvoir librement en tout sens dans le côté droit
de l'excavation du bassin.

Je vis alors la différence remarquable que présente la position de l'intestin dans les commen-
cemens de cette maladie, et lorsqu'elle se manifeste extérieurement par une saillie au périnée.
Dans le principe (1), l'orifice du sac herniaire
se trouve situé dans le bassin , à-peu-près à la
même hauteur que le repli du péritoine qui
existe entre le rectum et la vessie ; mais à mesure que la hernie fait des progrès , qu'elle descend , le sac herniaire est entraîné en bas et son
orifice s'abaisse en même temps. Enfin , aussitôt
que la hernie fait saillie au périnée , l'orifice du
sac herniaire se trouve presque hors du fond du
bassin.

Richter, comme je l'ai dit plus haut , paraît
avoir considéré seulement quelle pouvait être la
forme de la maladie dans son début , de sorte
que ce qu'il dit à ce sujet n'est pas applicable à
la hernie saillante au périnée , et dont il est ici
question.

En poursuivant mes recherches , je trouvai ,

____

(1) Cooper, ouv. cit. , p. 11 , Pl. XI , fig. 3.

près du côté droit du sphincter de l'anus, une petite cavité dont les parois étaient très-adhé- rentes avec le sac herniaire, mais sans aucune communication avec sa cavité (1). En l'ouvrant, je vis qu'elle était formée par une dilatation la- térale, ovoïde, de la membrane de l'intestin rectum.

Je mesurai avec la plus grande attention l'éten- due des différens diamètres du bassin. La dis- tance qui séparait les deux tubérosités de l'is- chion était de quatre pouces, comme dans un bassin de femme bien conformé, tandis que dans l'homme elle n'est ordinairement que de trois pouces deux lignes. Le diamètre antéro-posté- rieur, c'est-à-dire qui mesure l'espace qui sépare l'extrémité du coccyx de l'arcade du pubis, était aussi, comme dans la femme, de quatre pouces six lignes, tandis que dans l'homme il n'en a que trois.

Tel était l'état pathologique des parties exter- nes et internes qui formaient la hernie *complète* du périnée chez le sujet dont j'ai tracé l'histoire. Je pense que la lenteur avec laquelle s'est opéré le relâchement du repli péritonéal de la cavité du bassin, ainsi que l'allongement de la portion du mésentère liée à l'anse intestinale, expliquent pourquoi ce malade ne ressentit aucune incom- modité avant l'époque où la hernie vint former une tumeur saillante au périnée. La douleur qu'il éprouva subitement dans la position où il se trouvait, quand la hernie parut à l'extérieur,

______

(1) Planche XVII, f.

me semble expliquée plus naturellement par la distension et le déchirement instantanés des fibres charnues du muscle releveur de l'anus, que par un mode quelconque d'étranglement do l'intestin, puisque la réduction fut faite facilement à l'aide d'une légère pression.

La cause occasionelle de cette maladie paraît avoir été un affaiblissement primitif et contre nature du péritoine, du muscle ischio-coccygien, et surtout du releveur de l'anus, du côté droit, qui insensiblement a détruit le juste équilibre qui existait entre la résistance de ces parties et la force réunie et combinée du diaphragme et des muscles abdominaux. A cette prédisposition particulière s'en joignait une autre, non moins importante à considérer, la largeur remarquable des différens diamètres de l'excavation du bassin. Cette disposition est peut-être une des principales causes de la plus grande fréquence de cette maladie chez la femme que chez l'homme : c'est ce que je démontrerai dans la suite (1). Ensuite, ce qui concourut sans doute encore à la formation de cette hernie, ce fut la toux presque continuelle du malade, et le métier fatigant de taillandier (2).

---

(1) L'intervalle existant entre la tubérosité de l'ischion et l'orifice de l'anus est plus grand dans la femme que dans l'homme ; aussi remarque-t-on que dans la première les tégumens de cette région sont tendus et portent l'orifice de l'anus en dehors ; tandis que dans le second, cette même partie de la peau forme, avec l'orifice de l'anus, un enfoncement vers le fond du bassin, ce qui rend chez lui l'opération de la fistule plus difficile à pratiquer.

(2) « On attribua à un affaiblissement *congénital* du péritoine et du

Cette observation est entièrement analogue à celle qui fut publiée par *Chardenon* en 1740, et dont voici l'exposé (1) : « En ouvrant, dit-il, le
» cadavre d'un homme de 45 ans, mort, à ce
» qu'il parut, de maladie aiguë, je trouvai une
» hernie singulière dont jusqu'alors on n'avait
» pas rapporté d'exemple. Ayant ouvert l'abdo-
» men, je me mis à déployer les intestins, qui
» me semblèrent déplacés et descendus dans le
» bassin plus bas que de coutume. Quand je fus
» parvenu à la portion de l'iléon qui plongeait
» le plus dans cette excavation, je voulus l'atti-
» rer ; mais j'éprouvai une telle résistance que
» je soupçonnai qu'il existait des adhérences
» entre elle et les parties voisines, ou bien qu'elle
» avait pénétré dans le trou *ovale*. Mais, en exa-
» minant les choses de plus près, je reconnus
» que l'intestin iléon s'était engagé au milieu du
» bassin entre la vessie et l'anus ; en poursuivant
» mes recherches, et soulevant et attirant en
» haut cette portion d'intestin toute entière, je
» ne fus pas peu surpris de voir que là où je
» présumais qu'il existait des adhérences, il y
» avait une cavité capable de contenir un œuf de

---

releveur de l'anus, ce qui arriva à *Bromfield*, qui vit dans une opération de la taille, qu'il pratiquait sur un enfant, une portion d'intestin
grêle se présenter à la plaie du périnée. »

  Je pense qu'on doit rapporter à la même cause la hernie du périnée
observée par *Schneider* sur un enfant nouveau-né : la tumeur était pyriforme, molle, et avait *six pouces* de diamètre. Quand on la comprimait, il y avait évacuation de matières fécales. La santé de l'enfant
n'était nullement altérée. (Chirurg. Geschichte mit Aumerkungen,
7 th. 1775.)   (*Noté du Traducteur.*)

  (1) Voyez Leblanc ; *Précis d'Opér. de Chirur.*, tom. II, pag. 244.

» pigeon. L'orifice de ce sac était circonscrit par
» un rebord dur et calleux, dont le diamètre
» avait un tiers de moins d'étendue que celui du
» fond. Je portai le doigt dans cette cavité, et
» en appliquant mon autre main sur le périnée,
» je sentis que je n'en étais séparé que par
» l'épaisseur des tégumens communs. Ayant
» rempli ce sac de charpie, je me convainquis
» que cette tumeur faisait saillie au périnée. En
» disséquant la peau, je pus à peine la séparer
» de ce sac herniaire : je ne trouvai aucune trace
» des muscles du périnée dans ce point, à
» l'exception du *transverse*, dont les fibres étaient
» éparses sur le sommet de la tumeur. Cette cir-
» constance, réunie à l'observation que j'avais
» faite, que l'intestin iléon était rétréci dans sa
» portion correspondante à l'orifice du sac, me
» porta à croire que cette hernie était ancienne.
» Je ne pus connaître à quelle maladie cet homme
» avait succombé ; et quoique le canal intestinal
» fût ici le siége d'une altération manifeste, on
» ne pouvait pas admettre qu'elle avait été la
» cause de la mort. »

Il est évident, d'après cette description, que,
dans le sujet observé par *Chardenon*, la hernie
s'était frayée un passage du fond du bassin au
périnée, un peu au-dessus du muscle *transverse*, ainsi quelques lignes plus haut que chez
le malade dont j'ai donné l'histoire. En outre,
les fibres du muscle releveur de l'anus étaient
disparues ; tandis que, dans le sujet de mon observation, on voyait encore quelques faisceaux

charnus sur le sommet et le fond de la tumeur, qui, dans toute son étendue, n'offrait aucune adhérence notable avec la peau, au lieu que, dans l'observation citée, elle lui était intimement unie.

Il y a, du reste, si peu de différence entre ces deux cas, qu'on peut dire avec certitude que dans l'un et l'autre la hernie était *complète* et *saillante* au périnée, dans l'intervalle compris entre la marge de l'anus, la tubérosité de l'ischion et le sommet du coccyx. *Chardenon* aurait rendu son observation bien plus profitable à l'intérêt de la science, s'il eût comparé les diamètres du bassin de cet homme avec ceux d'une femme bien conformée.

Je pense qu'il est assez rare de voir l'épiploon dans la hernie *complète* du périnée; car il ne descend jamais assez bas dans le bassin pour accompagner une anse intestinale dans une partie aussi déclive : d'ailleurs, quelle que soit la violence des efforts, l'épiploon, comprimé entre les intestins et les parois abdominales, n'a aucune tendance à se déplacer dans ce sens.

Il n'en est pas de même de la vessie, qui est, sans nul doute, après l'intestin grêle, de tous les viscères contenus dans l'abdomen, le plus susceptible de former hernie au périnée, à cause de sa situation dans le fond du bassin et de l'extensibilité de ses parois : l'expérience, en effet, confirme cette vérité.

« Je fus consulté au mois de juillet 1760, dit

» Pipelet (1), par un homme, âgé de 60 ans,
» attaqué depuis peu de temps d'une hernie de
» l'intestin au pli de l'aine ; elle rentrait aisément
» et n'exigeait que l'application d'un bandage
» ordinaire. Il se plaignit en même temps d'une
» incommodité plus ancienne : depuis environ
» sept ans, par un faux pas sur un parquet, le
» pied, en glissant, lui fit faire un écart ; il sentit
» à l'instant une douleur assez vive au périnée,
» laquelle se dissipa en peu de jours. Quelque
» temps après, se promenant à la campagne, il
» voulut sauter un fossé. L'effort qu'il fit dans
» cette action lui renouvela la douleur qu'il avait
» eue précédemment, et elle fut d'abord si vive,
» que le malade, peu éloigné de la maison, crut
» qu'il n'aurait pas la force de s'y transporter.
» Cette douleur dura plus longtemps que la
» première fois, et depuis cette époque le ma-
» lade s'est toujours aperçu d'un malaise, d'une
» pesanteur et d'une douleur sourde au périnée :
» mais l'incommodité dont il se plaignait le plus,
» c'était d'uriner peu à la fois, et d'être obligé,
» pour se procurer du soulagement, de porter
» la main sur le périnée, d'y faire de petits mou-
» vemens en rond et une compression légère.
» Cette manœuvre, que l'expérience nous ap-
» prend avoir été pratiquée par instinct par plu-
» sieurs malades, dans le cas de la hernie de
» vessie à l'anus, procurait à celui dont je parle

____

(1) Mém. de l'Acad. Roy. de Chirur., t. IV, in-4°, pag. 181.

» une expulsion plus abondante d'urine qu'il ne
» l'aurait eue, et il a observé qu'il y réussissait
» avec plus d'effet lorsqu'il se courbait le corps
» en devant.

» Je fis mettre le malade sur un lit, dans la
» position convenable à ces sortes d'examens :
» je touchai une tumeur du volume d'un œuf,
» oblongue et mollasse ; je la pressai entre mes
» doigts ; elle céda à cette double compression
» latérale, et sa rentrée dans le bassin, le long
» de l'urètre du côté droit, me fit reconnaître
» une dilatation de forme ronde, dans laquelle
» on aurait pu loger une petite noix, sous le
» raphé, à deux travers de doigt de l'anus. »

De toutes les circonstances de cette observation, la libre sortie de l'urine, au moyen de la pression exercée sur le périnée, montre surtout évidemment que la tumeur décrite était une hernie de cette région formée par la vessie. *Pipelet* employa, pour maintenir la réduction, la machine dont j'ai parlé plus haut, et dont l'application avait été souvent dérangée pendant les cinq premiers mois, comme il le dit lui-même franchement. Pour remédier à cet inconvénient, il remplaça la boule d'ivoire, qu'il avait employée d'abord, par un coussinet rempli de laine, soutenu par une bande fendue dans son milieu pour le passage de la verge ; et le bandage ainsi modifié remplit parfaitement le but qu'il s'était proposé.

Les annales de la chirurgie renferment donc

trois cas bien démontrés et certains de hernie complète du périnée chez l'homme, dont deux étaient formées par l'intestin iléon, et la troisième par la vessie.

Presque tous les auteurs d'écrits sur la chirurgie font mention de la hernie du périnée chez la femme. Cependant, quand on réfléchit à la différence qui existe entre la conformation des parties génitales externes de celle-ci et celles de l'homme, on conçoit difficilement ce qu'ils entendent par hernie du périnée chez la femme; car, chez l'homme, l'espace compris sous le nom de périnée est rempli chez cette dernière par les grandes lèvres, l'orifice du vagin et celui de l'urètre : et si l'on veut appeler, chez elle, périnée, le court intervalle qui sépare la *fourchette naviculaire* de l'anus, on indique une partie dans laquelle, jusqu'à présent, on n'a observé aucune espèce de hernie.

Il me semble qu'*Astley Cooper* (1) a corrigé cette inexactitude de nomenclature tout en ayant un autre but, puisqu'il voulait faire connaître, à ce qu'il pensait, une nouvelle espèce de hernie chez la femme, qu'il désigna sous le nom de hernie *vulvaire* (del Pudendo), et qui, à mon avis, est la même que celle qu'on a nommée improprement *hernie du périnée* chez la femme. Cette dernière, ainsi que celle appelée par *Cooper* hernie *vulvaire* (del Pudendo), lorsqu'elle fait saillie extérieurement, paraît dans la moitié inférieure de la grande lèvre, et toutes deux, en

---

(1) Ouvrage cité, Pl. 2, pag. 63.

augmentant de volume, se développent également entre l'orifice de l'anus, la tubérosité de l'ischion et la pointe du coccyx.

L'une et l'autre résultent de la présence d'une partie de l'intestin ou de la vessie dans l'épaisseur de la grande lèvre. On les distingue facilement, chez la femme, de la hernie *inguinale* et de la hernie *vaginale*, puisqu'elles occupent, comme on l'a dit, la moitié inférieure de l'une des lèvres de la vulve, tandis que *l'inguinale* s'étend du milieu de cette même lèvre vers l'anneau inguinal. Quant à la hernie *vaginale*, elle forme une tumeur saillante dans la cavité du vagin, tantôt immédiatement au-dessous du méat urinaire, tantôt dans l'un des côtés de ce canal : elle est donc bien différente des précédentes.

Je n'ai rencontré dans ma pratique, que deux exemples de hernie *vulvaire*, autrement dite du périnée. Le premier sujet était une villageoise, âgée de 40 ans, qui n'avait jamais eu d'enfans ; le second, une jeune dame qui avait accouché une fois. Dans le premier cas, lorsque la malade se tenait debout, la tumeur avait la grosseur d'une noix ; quand elle était couchée, la hernie, comprimée légèrement, rentrait avec facilité, et sans qu'il fût nécessaire d'introduire le doigt dans le vagin pour l'empêcher de ressortir. La réduction opérée, il était aisé de pénétrer avec le bout du doigt dans l'ouverture circulaire qui livrait passage à l'intestin, en repoussant les tégumens correspondans, qui étaient flasques. Cette femme maintenait la hernie réduite, au moyen d'un coussinet rempli de laine et soutenu par un bandage en T (*).

(*) L'entérocèle *vulvaire* n'est pas une maladie commune : il n'en existait d'exemples connus que ceux rapportés par *Papen* et *Bose*, et celui d'*Astley Cooper*, quand M. *Scarpa* publia ce Mémoire. Depuis cette époque, M. le docteur *J. Cloquet* a eu l'occasion d'en observer un nouvel exemple. (*Nouv. Journ. de Méd.*, tom. X, avril 1821.)

Une jeune fille âgée de vingt-quatre ans, d'une constitution sèche et nerveuse, vint consulter M. Cloquet pour une maladie qui lui était survenue depuis peu de temps aux organes extérieurs de la génération. L'examen de la malade fit reconnaître dans la partie postérieure de la grande lèvre droite, une tumeur arrondie, rénitente, du volume d'un gros marron, qui soulevait la peau et faisait saillie au-dedans de la vulve. Cette tumeur, un peu douloureuse au toucher, se prolongeait à la partie latérale droite du vagin, sous la forme d'une saillie longitudinale, longue de deux pouces environ, dure et résistante. La pression exercée sur cette dernière portion n'y occasionait que des douleurs sourdes. La tumeur augmentait sensiblement de volume, devenait plus dure et plus tendue pendant les efforts et lorsqu'on faisait tousser la malade. La jeune fille y ressentait de temps à autre des engourdissemens, et éprouvait de légères coliques dans toute la partie inférieure de la cavité abdominale. Du reste, les autres fonctions s'exerçaient librement, à l'exception de la marche, qui était pénible, à raison de la gêne que produisait la tumeur par son volume, et des douleurs qui s'y manifestaient lorsque la malade s'était fatiguée par quelqu'exercice forcé.

Le développement de cette maladie était récent, elle avait paru, peu à peu, sans douleur, depuis quinze jours environ ; elle n'avait jamais causé de vives douleurs, de nausées, ni de vomissemens. La malade attribuait son *effort* à des mouvemens considérables qu'elle avait faits pour lever

La jeune dame qui me fournit le second exemple de hernie *vulvaire*, me consulta, conjointement avec le docteur *Cairoli*, professeur distingué de cette université. Elle était âgée de 22 ans, et avait éprouvé, dans sa première grossesse, des difficultés d'uriner. Vers le neuvième mois seulement, elle s'était aperçue qu'il existait

---

des paquets de linge et des baquets remplis d'eau. Comme elle était habituellement constipée, M. *Cloquet* pense que les efforts nécessités pour la défécation ont dû contribuer aussi très-puissamment à la production de sa maladie.

Après avoir fait coucher la malade sur le dos, dans la position ordinaire pour l'opération du taxis, on parvint, à l'aide d'une pression assez forte, exercée méthodiquement selon la direction de la tumeur, à diminuer d'abord son volume, et à en obtenir ensuite l'entière réduction, laquelle se fit subitement par l'ascension brusque des parties déplacées, qui glissèrent tout-à-coup sous les doigts, en faisant entendre ce bruit particulier qu'on a désigné sous le nom de *gargouillement*.

La réduction opérée, on sentit dans la partie postérieure de la grande lèvre droite un vide dans lequel on put enfoncer le bout du doigt en refoulant la peau en arrière, et l'on reconnut alors distinctement une ouverture arrondie, sorte d'anneau placé entre le vagin et la branche de l'ischion, et par lequel s'était échappée la tumeur. On n'aperçut plus aucun vestige de la hernie du côté du vagin. La malade avait éprouvé, aussitôt après la réduction, un soulagement complet et instantané.

On pratiqua ensuite le toucher dans la position verticale du corps, et les viscères déplacés ne reparurent pas. La jeune fille put marcher librement comme avant l'accident; quoiqu'elle n'ait voulu souffrir l'application d'aucune espèce de bandage, la tumeur n'est pas reparue, et elle jouit actuellement d'une parfaite santé. (*Addition du traducteur.*)

une petite tumeur dans la moitié inférieure de
la grande lèvre du côté droit, et qui s'étendait
jusqu'au bord correspondant de l'orifice de
l'anus. Ce premier accouchement n'eut lieu
qu'après un travail laborieux et d'autant plus
pénible que la sage-femme était peu instruite.
Pendant l'écoulement des lochies, la difficulté
d'uriner persista, et lorsque cette dame fut entièrement rétablie, elle reconnut que la tumeur
avait augmenté de volume et acquis celui d'une
noix.

Dans l'examen que je fis, de concert avec le
professeur que je viens de nommer, je remarquai que, lorsque cette dame était debout, la
tumeur était tendue, et plus saillante dans la
partie inférieure de la grande lèvre que lorsqu'elle était couchée. Dans cet état de tension
de la tumeur, la malade éprouvait un pressant
besoin d'uriner, qu'elle satisfaisait d'autant plus
promptement et complètement qu'elle comprimait davantage la tumeur avec sa main. L'urine
expulsée, la tumeur disparaissait presqu'aussitôt : ce fait fut vérifié et mis hors de doute en
vidant la vessie à l'aide du cathéter. En enfon-
çant le doigt dans les tégumens graisseux de la
grande lèvre qui contenait la tumeur, je sentis
manifestement l'ouverture par laquelle une portion de la vessie sortait hors du bassin.

La malade ne pouvait supporter qu'une pression modérée sur la tumeur, de sorte qu'on
préféra, pour maintenir la hernie réduite, un
bandage en T, composé d'une large et forte *ven-*

trière de toile et d'un *sous-cuisse*, formé de bandes solides croisées comme un X, qu'on fixait en avant et en arrière à la ventrière, à l'aide de boutonnières, et qui pressait plus ou moins et à volonté, contre l'ouverture herniaire, une petite pelote remplie de coton. Ce simple bandage produisit l'effet qu'on désirait, et depuis son application la difficulté d'uriner fut bien moins fréquente.

Dans le même mois, cette dame devint enceinte pour la seconde fois. Pendant le premier et le dernier mois de sa grossesse, les difficultés d'uriner reparurent, et nullement dans les mois intermédiaires. Pendant le travail, le chirurgien accoucheur eut l'attention de maintenir la hernie exactement réduite, jusqu'à ce que la tête de l'enfant fût sortie. Après son rétablissement, cette dame fut agréablement surprise en remarquant que, lorsqu'elle était levée, la tumeur, au lieu d'avoir augmenté de volume, était, au contraire, devenue beaucoup plus petite qu'elle n'avait été pendant la durée de la grossesse. Je ne chercherai pas à expliquer ce phénomène; mais il est toujours certain que j'ai vu se vérifier ici, non complètement, mais en partie, ce que *Verdier* a dit à ce sujet (1). « La hernie de vessie, » dit-il, qui arrive quelquefois aux femmes en- » ceintes, entre la vulve et l'anus, n'est pas » absolument dangereuse, puisqu'elle disparaît, » pour l'ordinaire, dès que la femme est accou-

____

(1) Mém. de l'Acad. Roy. de Chirurg., tom. II, in-4°.

» chée. » Néanmoins, cette dame continua de porter par précaution le bandage indiqué. Douze années se sont écoulées depuis ce second accouchement sans qu'elle ait éprouvé de difficultés d'uriner (*).

(*) M. le docteur *Bompard* a publié dans la *Revue Médicale* (voyez le numéro de décembre 1822), un exemple de *cystocèle vulvaire*, que je vais rapporter ici succinctement : il prouve que cette espèce de hernie peut se former subitement dans un effort, comme les autres hernies.

Une femme qui fut jetée dans un fossé par une chute de cheval, perdit connaissance, et ressentit, en recouvrant ses sens, une douleur excessivement aiguë dans les organes de la génération. Elle y porta la main, et trouva une tumeur dans la grande lèvre du côté droit. Le besoin d'uriner devint pressant; mais la malade ne put le satisfaire complètement, l'urine ne coulait que goutte à goutte, et cette émission aggravait ses souffrances. Dans cette situation, la tentative de marcher produisit une telle douleur, que la malade ne put exécuter aucun mouvement. Ayant porté la main de nouveau sur la tumeur, elle la comprima avec force, et cette compression fut suivie d'un grand soulagement et d'un écoulement abondant d'urine.

Ce fut quinze jours après que M. Bompard vit la malade. L'ayant fait placer sur un lit, il ne remarqua qu'un léger enfoncement au milieu de la grande lèvre droite; mais la station, ou quelques pas, suffisaient pour faire sortir la tumeur, qui était un peu plus grosse qu'une noix ordinaire, et qui s'accompagnait du besoin d'uriner. La malade étant replacée sur le lit, une légère pression fit sortir l'urine et rentrer la tumeur, qui disparut entièrement et fut ensuite maintenue par un bandage en T et une pelote ovale, dont l'application continuelle pendant huit à dix mois empêcha la tumeur de reparaître. La guérison fut complète à l'aide de ce seul traitement. (*Addition du Traducteur.*)

Ces deux faits rappellent deux observations analogues, rapportées, l'une par *Méry* (1) et l'autre par *Curade* (2). Dans la première, la hernie fut remarquée sur une femme entre le cinquième et le sixième mois de la grossesse ; dans la seconde, précisément dans le sixième mois. Dans l'un et l'autre cas, quand on comprimait la tumeur, l'urine s'écoulait goutte à goutte par l'urètre, et dès que la vessie était complètement vide, la hernie disparaissait. On ne peut pas soupçonner qu'elle fût *vaginale*, car *Méry* s'exprime trop clairement à ce sujet. « *Cette tumeur était située* » *entre l'anus et la partie inférieure de l'orifice ex-* » *terne de la matrice*, » ce qui veut dire dans la partie inférieure de la grande lèvre, entre la marge de l'anus et la tubérosité de l'ischion.

Verdier (3), après avoir cité ces deux observations, fait la réflexion suivante qui vient à l'appui de ce qui a été dit plus haut : « Mais si » la vessie, dans l'état de grossesse, forme une » hernie, ce n'est pas toujours par les anneaux, » ni même par les arcades crurales ; elle se glisse » quelquefois sur un des côtés du vagin et de » l'intestin rectum, et, pressée par la matrice, » elle force quelques-unes des fibres des muscles » releveurs de l'anus, et forme une tumeur au » périnée un peu latéralement. »

Smellie a aussi observé cette hernie sur deux femmes enceintes, et il la nomme, selon la cou-

______

(1) Acad. Roy. des Sciences, ann. 1713.
(2) Acad. Roy. de Chirurg., tom. II, in-4°.
(3) Ouv. cité.

tume, hernie *du périnée*. Chez les deux, elle contenait une portion d'intestin. L'une d'elles, qui avait le volume du poing vers la fin de la grossesse, s'étrangla et se gangréna ; néanmoins la malade guérit. *Hoin* pense que ces deux observations doivent se rapporter à celles de hernie *vaginale* : mais il se trompe, puisque l'auteur a dit clairement que l'une et l'autre tumeur herniaire faisaient saillie *au côté gauche de l'orifice de l'anus*. (Cases and Observ. on Midwifery , t. I, pag. 148.)

Il n'y a donc plus aucun doute que dans la hernie du *périnée* chez l'homme, et la hernie vulvaire (*del pudendo*) chez la femme, la tumeur est formée par l'issue d'une anse d'intestin, ou d'une portion de la vessie, hors du basfond du bassin. Les signes particuliers à l'existence de l'une ou de l'autre de ces parties dans le sac herniaire, ont été suffisamment indiqués par l'exposé qu'on vient d'en faire, pour qu'il soit maintenant facile de les reconnaître.

Hartmann (1) est le seul, je crois, qui ait eu l'occasion de disséquer une hernie *vulvaire* formée par la vessie. « Dans le cadavre d'une femme, » écrit-il, qui longtemps avant sa mort avait rendu » plusieurs calculs par l'urètre, je trouvai une » tumeur située sur la grande lèvre gauche, qu'elle » dépassait beaucoup, et qui avait aminci les » tégumens communs. A l'ouverture de l'abdo- » men, je crus d'abord que la vessie n'existait

____

(1) Acad. N. C., decad. II, an V, 1686, obs. 71.

10*

» pas ; mais je reconnus ensuite qu'elle était si-
» tuée en partie sous le pubis et en partie hors
» du fond du bassin. Cette seconde portion con-
» tenait un calcul du poids de trois onces ; ayant
» soulevé d'une main le col de la vessie, j'essayai
» de l'autre à repousser de bas en haut la por-
» tion qui formait une tumeur extérieurement ,
» et je trouvai qu'elle ne communiquait pas
» avec le reste de la vessie. Dans les derniers
» temps de sa vie, cette malade ne rendait l'urine
» que goutte à goutté , avec des efforts violens et
» douloureux , qui causaient en même-temps la
» sortie des matières fécales. »

L'expérience prouve que la hernie *vaginale*
qui, comme on vient de le voir, ne peut être
confondue avec la hernie *vulvaire*, est plus fréquente que cette dernière. Ceci vient probablement de ce que la hernie *vaginale* se forme ordinairement chez les femmes qui ont eu plusieurs
enfans, et chez lesquelles les parois du vagin ,
devenues flasques, offrent nécessairement moins
de résistance à l'impulsion des viscères abdominaux que les muscles ischio-coccygiens, releveurs de l'anus, et la membrane fibreuse qui
revêt la face interne de l'excavation du bassin.

Sur quinze cas de hernie *vaginale* observés par
Hoin (1), il y en a treize sur des femmes qui
avaient accouché plusieurs fois. On trouve l'explication de cette plus grande fréquence dans

____

(1) Voy. Leblanc, Précis des opérat. de chirurg. , tom. II , et
Sandifort, Obs. Pathol., cap. IV.

l'examen des cadavres de celles mortes en couches, chez lesquelles le doigt déprime bien plus
facilement le péritoine qui recouvre les parois
du vagin, que celui qui s'étend dans le fond du
bassin.

Si nous revenons à l'examen de la hernie *vulvaire* chez la femme, et du *périnée* chez l'homme,
nous voyons qu'il existe des exemples funestes
de son développement énorme. Il est donc important de ne négliger aucun des moyens capables de s'opposer à son accroissement, dès
qu'on s'aperçoit de sa formation. Tels sont les
cas rapportés par *Papen* (1) et *Bose* (2).

Le sujet de l'observation de *Papen* était une
femme âgée de cinquante ans, robuste et morte
subitement. « Il trouva sur le cadavre une tu
» meur qui avait la forme d'une grosse bouteille
» pendante au côté droit de l'orifice de l'anus,
» et se prolongeant presque jusqu'à la jambe.
» Ce sac énorme n'avait pas moins d'une brasse
» et demie de circonférence à son fond et d'une
» palme à son col près l'anus. Après l'avoir ou
» vert longitudinalement, il trouva dans son in
» térieur une longue portion des intestins grêles,
» le cœcum et son appendice, le colon droit et
» le colon gauche jusqu'à sa courbure *sigmoïde*.
» Après avoir enlevé les intestins du sac her
» niaire et de l'abdomen, il vit dans le côté droit
» du bassin une vaste cavité infundibuliforme,

____

(1) Epist. ad Hallerum, 1750, de Stupenda hernia dorsali. Disput.
chirurg. Halleri, tom. II.

(2) Programma de Enterocele ischiadice. Lipsiæ, 1772.

» tapissée par le péritoine, et qui naissait dans
» l'intervalle circonscrit par la grande lèvre, la
» marge de l'anus, et le sommet du coccyx. »
L'auteur apprit des parens, que, dix ans avant
la mort, cette tumeur n'était pas plus grosse
qu'une petite boule.

Il importe peu, à ce qu'il me semble, de dis-
cuter si *Papen* a eu tort ou raison de nommer
cette tumeur *hernie dorsale*. Toujours est-il certain que la saillie des viscères dans la partie inférieure de la grande lèvre, entre la marge de
l'anus, la tubérosité de l'ischion et la pointe du
coccyx ; caractérise évidemment la hernie *vulvaire*.

Celle qui fut disséquée par *Bose*, sur le cadavre
d'une femme âgée de soixante ans, était d'un
volume moins considérable, quoiqu'elle contînt
une anse d'intestin grêle de la longueur d'une
brasse et un quart, qui était étranglée. « La
» tumeur herniaire, écrit-il, sortait du fond du
» bassin, entre le côté droit de la marge de l'anus,
» la lèvre correspondante de la vulve et la pointe
» du coccyx. L'intestin rectum, plus rétréci que
» de coutume, avait été poussé par la hernie
» vers le côté gauche du bassin ; dans le fond
» de son excavation on voyait une ouverture par-
» ticulière, au travers de laquelle le péritoine
» s'était prolongé pour former le sac herniaire. »
Bose a cru devoir nommer cette hernie *ischiatique interne*, pour la distinguer de celle qui se
forme par l'échancrure sacro-sciatique, qu'il
voudrait qu'on désignât sous le nom d'*ischiatique*

externe, et dont , suivant lui , l'observation de *Papen* fournit un exemple ; mais la disposition anatomique de ces tumeurs démontre que l'une et l'autre étaient des hernies *vulvaires*.

Les auteurs les plus recommandables semblent disposés à croire que les hernies désignées comme rares, au nombre desquelles on peut compter celles qui se forment dans les environs et dans le fond du bassin , sont sujettes à l'étranglement. Cette opinion me paraît n'avoir été émise que par analogie, puisqu'il n'existe aucun fait de cette espèce rapporté dans les Annales de la chirurgie antérieurement à l'époque actuelle : on peut seulement dire que cet accident a été observé. Ainsi , Astley Cooper (1) fut appelé pour donner ses soins à une dame âgée de vingt-deux ans, qui était dans un état fort alarmant causé par l'étranglement d'une hernie *vulvaire*. La tumeur avait la grosseur d'un œuf de pigeon, et s'étendait de la moitié inférieure de la grande lèvre gauche au bord correspondant de l'anus. A l'aide du *taxis* exercé par cet habile chirurgien, la hernie fut réduite. Pendant l'opération la malade donna les signes d'une très-vive douleur ; mais aussitôt que la réduction fut complète les douleurs cessèrent (2).

Chez l'homme dont j'ai rapporté l'observation, je fus témoin oculaire de l'étranglement d'une

---

(1) Ouv. cité, Pl. II.

(2) Les observations d'étranglement de hernie *vulvaire*, arrivé pendant l'accouchement, comme celles rapportées par *Smellie*, diffèrent des cas dont il s'agit.

hernie du périnée formée par l'iléon. Le taxis seul me réussit parfaitement, sans qu'il fût nécessaire de recourir au moyen chirurgical qu'on emploie souvent dans cette circonstance. D'ailleurs, si dans un cas que je pense devoir être bien rare, il était nécessaire de recourir à l'opération, je n'hésite pas à affirmer qu'elle ne serait ni difficile à pratiquer, ni dangereuse par elle-même pour le malade ; car, dans la hernie *vulvaire* et dans celle du *périnée*, l'orifice du sac se trouve toujours situé presque hors du bas-fond du bassin (1) ; de sorte qu'après avoir ouvert le sac vers son col, si la tumeur était volumineuse, ou bien, dans toute sa longueur, si elle était petite, il suffirait, pour détruire l'étranglement, d'introduire l'extrémité d'un petit bistouri boutonné entre les viscères et le rebord épais de l'orifice du sac, et de pratiquer une incision légère de bas en haut, dans une direction oblique vers le flanc, afin d'éviter chez l'homme la lésion de la vessie, et celle du vagin chez la femme.

---

(1) *Sabatier*, de même que le plus grand nombre de ceux qui ont écrit sur la Chirurgie, a cru à tort que l'orifice du sac dans ces hernies est situé très-haut dans le bassin. « Si l'opération, dit-il, devenait » nécessaire, on pourrait y trouver de grandes difficultés relativement » à la profondeur de l'ouverture qui donne passage aux viscères. » Cette assertion est contredite par l'observation des faits, comme on a pu le voir dans le cours de ce mémoire. (Voyez Méd. Opérat., t. I, pag. 154.)

ÉPIPLOCÈLES

DIAPHRAGMATIQUES.

Observation recueillie sur une femme âgée de soixante-dix ans, morte des suites d'une fracture du col du fémur, par M. Bérard, Élève interne à la Pitié, et communiquée pur M. le Professeur Béclard.

Une chute sur la hanche gauche avait déterminé la fracture du col du fémur correspondant. La présence des signes ordinaires de ces fractures rendit le diagnostic de celle-ci très-facile; le raccourcissement et la rotation du membre en dehors étaient surtout très-marqués. La malade, dont l'embonpoint était considérable et qui respirait difficilement, ne pouvant s'accoutumer au decubitus sur le dos, nécessaire au traitement de la fracture; qu'on avait essayé de maintenir réduite en plaçant le membre fléchi sur un double plan incliné, on fut obligé de supprimer l'appareil et d'abandonner la maladie à la nature. Une toux fréquente, une respiration habituellement laborieuse et parfois embarrassée au point de simuler un accès d'asthme, avec coloration violette des lèvres et une rougeur un peu sombre des pommettes, tels furent les accidens dont l'intensité, progressivement augmentée, entraîna la mort de la malade, après deux mois de séjour à l'hôpital de la Pitié.

Ouverture du cadavre.

Embonpoint considérable, membre inférieur gauche beaucoup plus court que l'autre et tourné dans la rotation en dehors : le ligament capsulaire de l'articulation de la hanche était intact. L'examen de la fracture fit voir que la nature n'avait fait que des efforts impuissans pour la réunion des fragmens. La solution de continuité avait eu lieu à la partie supérieure du col du fémur ; le ligament improprement nommé rond était détruit, et la tête de l'os ne pouvait recevoir de matériaux de nutrition que par une partie membraneuse, qui, de la base du col, se portait à une portion de la circonférence du cartilage articulaire de la tête de l'os. Cette substance membraneuse, large de près d'un pouce, était due à la conservation de la lame fibro-séreuse qui sert de périoste au col du fémur : cette lame avait été partout décollée de l'os ; mais sa continuité n'avait point été interrompue dans sa partie postérieure, qui attachait encore les fragmens l'un à l'autre ; elle était assez épaisse, rouge et très-vasculaire : il ne restait presque plus de vestiges du col, en sorte que sa base supportait immédiatement la tête de l'os sans qu'aucune adhérence se fût établie entre ces diverses parties. La différence de vitalité dans les deux fragmens avait causé des différences assez marquées dans les surfaces de la solution de continuité de l'un et de l'autre : ainsi, dans le fragment supérieur, cette surface était telle qu'elle se présente lors d'une fracture récente ; les cellules du tissu spongieux étaient distinctes, et l'on voyait à nu les lames de ce tissu irrégulièrement divisées. Dans le fragment inférieur, au contraire, une substance molle, rouge, ayant l'aspect du tissu musculaire, et fortement adhérente à l'os, dans les cellules duquel elle semblait prendre naissance, avait remplacé les inégalités de la fracture. Aux dépens de quel fragment s'était faite l'absorption du col ? Il paraît que c'était aux dépens de l'inférieur, puisque le supérieur avait encore l'aspect d'une fracture récente.

Tête. Rien de remarquable.

Poitrine. Les poumons ne s'affaissèrent nullement au moment où l'on incisa la plèvre ; cependant ils étaient sans adhérence, peu gorgés de sang, et très-souples dans leur partie antérieure ; mais les vésicules pulmonaires paraissaient généralement dilatées. Les bronches étaient très-rouges à l'intérieur et contenaient de la mucosité puriforme ; les vaisseaux sous-séreux de l'une et de l'autre plèvres étaient très-injectés ; le médiastin était distendu par l'accumulation du tissu adipeux entre ses lames ; plusieurs tumeurs graisseuses soulevaient à droite et à gauche la membrane séreuse, et faisaient saillie dans les côtés correspondans de la poitrine, sous forme d'appendices de grosseurs différentes.

Le cœur était assez volumineux et consistant ; une plaque blanchâtre, semblable à celles qu'on rencontre si fréquemment sur cet organe, et qu'on attribue généralement à des péricardites circonscrites et légères, existait sur la face postérieure du ventricule droit.

Abdomen. Le grand épiploon était replié de bas en haut et de gauche à droite, et se dirigeait vers le diaphragme, en passant au-dessus de l'estomac et du lobe gauche du foie; ce repli s'était engagé en poussant devant lui le péritoine dans une ouverture formée par l'écartement que laissaient entre elles les fibres antérieures du diaphragme (Voy. Pl. XX, a); aucune de ces dernières ne s'insérait à l'appendice xiphoïde. Le sac herniaire était tubuleux, long de trois pouces, et un peu plus gros qu'un intestin grêle (Pl. XXI, a) : le péritoine avait d'abord été poussé dans le médiastin; puis il en avait soulevé la lame droite, et, s'enveloppant de la plèvre, il avait formé, dans la cavité droite de la poitrine, une saillie analogue à celle des autres appendices graisseux dont j'ai parlé. Les deux membranes séreuses étaient très-amincies, et si intimement unies qu'on ne pouvait les séparer l'une de l'autre; la portion inférieure et gauche du grand épiploon, qui s'était engagée dans le sac, avait l'aspect que prend ordinairement l'épiploon dans les hernies : elle était plus compacte, plus chargée de graisse; ses vaisseaux étaient plus développés; elle n'adhérait point aux parois du sac. Cette portion déplissée avait près de cinq pouces en longueur et en largeur. La base d'un des appendices graisseux du médiastin renfermait un autre petit sac herniaire

(Pl. XXI, b), dont l'ouverture était à gauche de celle du précédent, et dont la cavité était un peu supérieure, en profondeur et en largeur, à celle d'un dé à coudre (Pl. XX, b) : je n'ai pas vu quel était l'organe qui s'engageait dans le sac, que je n'ai découvert qu'après avoir enlevé la pièce ; il est probable que c'était une portion d'épiploon.

L'ouverture des deux sacs herniaires était un peu plus étroite que leur corps ; elle était molle et circulaire.

Du défaut de fibres charnues qui allassent s'insérer à l'appendice xiphoïde, était résulté un grand espace triangulaire, dont la base était en avant et le sommet à l'endroit où l'aponévrose centrale du diaphragme recevait les fibres de ce muscle, qui venaient de la septième côte sternale ; le tissu graisseux sous-péritonéal de ce lieu se continuait dans le médiastin avec celui des appendices dont il a déjà été question plusieurs fois : il est probable que si tout autre organe que le foie eût été en contact avec cette partie moins résistante, il eût pu passer dans la poitrine en poussant devant lui un large sac herniaire. Il n'existait, en effet, aucune fibre charnue entre les deux orifices des sacs, et l'espace qui leur était intermédiaire eût cédé facilement à la pression exercée par un organe mobile plus volumineux que l'épiploon.

Je passe sous silence plusieurs autres détails d'anatomie pathologique recueillis sur cette femme.

En lisant la plupart des observations présentées par les auteurs sous le titre de *hernies diaphragmatiques*, on voit qu'on a qualifié de ce nom plusieurs maladies auxquelles on ne peut rigoureusement appliquer la définition adoptée pour les hernies.

Dans les généralités sur ces lésions physiques, les auteurs de pathologie chirurgicale ont insisté sur la différence à établir entre le déplacement des organes abdominaux poussant devant eux un sac péritonéal, et l'issue de ces organes à travers une plaie pénétrante de l'abdomen : cette distinction a été négligée pour le passage des organes digestifs dans la poitrine.

On a vu assez fréquemment, en effet, après la rupture du diaphragme ou sa division par un instrument tranchant, quelques viscères passer librement de l'abdomen dans la poitrine et comprimer plus ou moins les poumons, avec lesquels ils s'étoient mis en contact immédiat ; tantôt alors la mort est survenue rapidement, tantôt les bords de l'ouverture sont devenus lisses et polis, en sorte que le péritoine paraissait continu avec une des plèvres ; mais, dans ces cas, qui forment le plus grand nombre de ceux que les auteurs ont recueillis pour l'histoire des hernies diaphragmatiques, on ne voit pas qu'il existe plus de caractères anatomiques de hernies que dans les circonstances où les intestins se sont échappés à travers une plaie pénétrante de l'abdomen.

On a encore, et avec raison, séparé des her-

nies les éventrations résultant d'un affaiblissement excessif de la paroi antérieure de l'abdomen, après des grossesses répétées, ou par une
autre cause qui aurait opéré une distension exces-
sive de cette paroi. Une distinction analogue
pouvait être établie pour les hernies diaphragmatiques, et cependant elle n'a pas été faite;
peut-être parce que la rareté des véritables hernies diaphragmatiques faisait accueillir toutes
les observations qui tendaient à en confirmer
l'existence.

Une des deux observations qu'on a placées
dans les œuvres posthumes de J. L. Petit, sous
le titre de *Hernies thoraciques*, ne présente-t-elle
pas la description d'un état analogue aux éventrations, qu'on a séparées des hernies? « La
» tumeur, qui faisait saillie dans la poitrine,
» était presque aussi large par la base que par
» son milieu et se terminait en un cône mousse;
» elle contenait l'estomac, une grande partie du
» colon et presque tout l'épiploon. Ces parties
» étaient renfermées dans un sac, qui n'était
» autre chose que la prolongation du péritoine,
» du diaphragme et de la plèvre ensemble, sans
» aucune rupture dans ces membranes, ni aucun
» écartement dans les fibres musculaires et apo-
» névrotiques du diaphragme. »

Enfin plusieurs communications congénitales
entre l'abdomen et la poitrine ont été vues sur
des sujets, dont les uns avaient en outre apporté,
avec ce défaut de conformation, des monstruo-
sités dont la mort avait été la suite prochaine

et inévitable, tandis que d'autres ayant poussé leur carrière plus avant, avaient succombé à des maladies différentes; dans ces divers cas on ne voit point encore qu'il soit question de sac herniaire.

Si on se rappelle que dans les premiers temps de la formation des hernies, c'est beaucoup plus par le déplacement du péritoine que par la distension et l'amincissement de cette membrane que se forme le sac herniaire; si on considère que la laxité du tissu sous-séreux, d'où résulte le peu d'adhérence du péritoine, est une condition presque indispensable de ce déplacement; si on fait attention enfin à l'adhérence assez marquée du péritoine au diaphragme, on concevra pourquoi l'on cherche presque inutilement dans les auteurs la description d'un sac herniaire prolongé à travers les fibres de ce muscle. Morgagni, qui a rassemblé dans sa cinquante-quatrième lettre, à-peu-près tous les exemples du passage des viscères dans la poitrine, connus à l'époque où il écrivait cette lettre, semble admettre l'existence d'un sac dans quelques-unes des observations qu'il cite, et cependant il ne donne aucune description de la disposition du péritoine : en lisant le passage suivant, on verra que ce qu'il dit à ce sujet laisse beaucoup à désirer.

« *Non tamen quotiescumque per illud ventriculus,*
» *quemadmodum in Sennerti etiam casu, in thora-*
» *cem trajectus est, id semper contigit per viam a*
» *saucianté instrumento apertam. Nam ut ovem præ-*
» *termittam, in qua Peyerus* (1) *per transversum*

____

(1) Eph. N. C. dec., A. 4, obs. 100.

» *hiatum, palmo majorem, in carnea superiore*
» *diaphragmatis parte, ab immani distentione ven-*
» *triculorum disrupta, horum alterum è ventre*
» *compulsum intra thoracem invenit ; certe loca*
» *sunt in diaphragmate, per quæ* diductis carneis
» fibris, *et* cedentibus membranis, *ventriculus*
» *aut intesini pars aliqua, aut alterius visceris e*
» *ventre potest in thoracem transire, sic (præter*
» *œsophagi viam, de qua post dicetur) qua nervu*
» *alter intercostalis traducitur ; illac post vehemen-*
» *tissimos intestinorum dolores, coli aliquam omenti*
» *vero, et pancreatis majorem partem transmissam*
» *referri video a Platnero* (1). *Sic etiam anterius*
» *inter fibras a xiphoide cartilagine venientes, et*
» *proximas solet intervallum esse, per quod simile*
» *quidpiam posse contingere, imo contigisse in agri-*
» *cola suspicabar, in quo romæ vidisse Leprottum*
» *audiveram per mediam anteriorem diaphragmatis*
» *partem de colo intestino tantum in thoracem ad-*
» *missum, quantum, si extenderetur, spithamam*
» *æquaret. Sed cum po tea ab iis qui secuerant,*
» *accepissem neque illud intestinum, neque fora-*
» *men, cujus erat diameter duorum pollicum trans-*
» *versorum, per quod subibat illud, et exibat indi-*
» *cium ullum prægressæ violentiæ, aut morbi osten-*
» *disse, et hominem decrepita ætate ex manifesta*
» *intra calvariam læsione mortuum ; credere malui,*
» *sic a primordiis rem se habuisse...* » (Epist. 54,
sect. 2.)

J'ignore s'il existait un sac dans le cas où on a

---

(1) Disp. de Hydrocel., not. 4. ad §. 2.

remarqué ce passage de l'estomac dans la poitrine, à travers l'ouverture qui donne passage à l'œsophage. Ici la formation d'un sac ne serait pas aussi difficile à concevoir.

Sur le cadavre d'un enfant mort peu après sa naissance, Vicq-d'Azyr trouva une portion irrégulière du foie saillante dans la poitrine et entourée d'un véritable sac herniaire; mais ici cette maladie était congénitale.

En résumé,

1°. La présence de deux sacs herniaires très-distincts.

2°. Le passage d'un de ces sacs, d'abord dans le médiastin, puis dans la cavité de la poitrine.

3°. La circonstance d'une hernie diaphragmatique à droite, malgré l'obstacle que le foie apporte de ce côté au passage des viscères abdominaux dans la poitrine.

4°. La présence de la partie *gauche* et *inférieure* du grand épiploon, dans une hernie thoracique *droite*, rendent très-remarquable l'observation dont on vient de lire les détails.

Le sac herniaire était très-mince, parce qu'il était dû plutôt à la distension qu'à la locomotion du péritoine.

Il n'est pas probable que la gêne de la respiration et les symptômes d'asthme aient été occasionés par la présence de la hernie, l'emphysème des poumons suffit pour rendre compte de ces accidens.

F I N.

TABLE

DES

MATIÈRES DU SUPPLÉMENT.

TROISIÈME MÉMOIRE.

De la Hernie fémorale.

ADDITIONS AU MÉMOIRE

*Sur les Hernies avec gangrène, et les moyens que la nature
emploie pour rétablir la continuité du canal intestinal.*

ADDITIONS AU MÉMOIRE

Sur la Hernie ombilicale et celle de la ligne blanche de l'abdomen.

MÉMOIRE

ÉPIPLOCÈLES DIAPHRAGMATIQUES.

FIN DE LA TABLE.

Imprimerie de P. GUEFFIER, rue Guénégaud, n° 31.

www.ingramcontent.com/pod-product-compliance
Ingram Content Group UK Ltd.
Pitfield, Milton Keynes, MK11 3LW, UK
UKHW021527090726
13657UKWH00001B/454